台北海洋科技大學
海事訓練中心 船員訓練教材
船舶保全職責
Ship Security Responsibility

出版單位： 新文京開發出版股份有限公司
編撰單位： 航海系、海事訓練中心

新文京開發出版股份有限公司

新世紀‧新視野‧新文京 ― 精選教科書‧考試用書‧專業參考書

New Wun Ching Developmental Publishing Co., Ltd.

New Age · New Choice · The Best Selected Educational Publications — NEW WCDP

專業考照叢書

SHIP SECURITY RESPONSIBILITY

船舶保全職責

謝忠良‧方信雄‧陳安國◎編著

摘 要　　　　　　　　　　　　　　　　　　Summary

　　自從有海上運輸活動以來，海運對全世界各國的經濟發展占有極重要地位，但在國際貿易進行的同時，運輸載具之安全是經常容易被忽視的一環，依照以往的經驗法則，往往都是在發生重大海事案件時才會引起各國間的重視，也因如此相關的國際公約規定及安全系統的建立才會陸續產生。

　　有鑑於航海人員對於船舶保全的相關訓練比較缺乏，一些較專業之鑑識課程如：辨識週遭可疑人士、武器、爆裂物及毒品識別、偷渡客、難民及海盜問題等，上述問題都將會威脅到船舶的運作，甚至危害到生命安全，因此針對船舶保全訓練的要求，新增所有船員必須熟悉船舶保全相關訓練。

目錄

01 船舶保全概述
Chapter

1-1 船舶保全緣起

一、ISPS 的由來

ISPS Code 全名為「國際船舶與港口設施保全章程」，是各國當局對於船舶、港口設施、貨物運輸以及有關船員安全所重視之海事法規。當今世界面臨的最大挑戰是打擊恐怖組織的活動。最近歷史上也曾經發生了許多不同形式的恐怖襲擊事件。但最可怕的也是眾所皆知的 911 恐怖攻擊事件，在 2001 年 9 月 11 日當恐怖分子對雙子星大樓（世貿中心）進行恐怖襲擊時證明，防止恐怖主義攻擊對國家及國際安全間之危害是必須立即受到重視。

海上安全是一個普遍的問題，甚至在 911 襲擊之前就發生過幾起事件（例如，2000 年 2 月 26 日，隱藏在菲律賓渡輪兩輛擁擠的公共汽車內的炸彈，該爆炸事件導致 45 名乘客死亡）。

在 ISPS Code 實施之前，SOLAS 的主要重點是著重在船舶海上的安全。由於安全與保安是完全不同的議題，因此在《海上人命安全國際公約》第 XI 章中作了新的修訂，其中載有加強海上安全的措施，改名為第 XI-1 章，並增加了新的第 XI-2 章，並進一步著重於海上安全。

二、國際船舶與港口設施保全章程
(International Ship and Port Facility Security Code; ISPS Code)

自 911 攻擊事件以後，聯合國安全理事會於 2001 年 9 月 28 日通過 1373 (2001)號決議，要求各國採取防範和鎮壓恐怖主義行為，1974年海上人命安全國際公約之締約國政府於 2002 年 12 月召開海事保全會議，採納 SOLAS 公約 2002 年針對船舶、港口及港口國政府對於保全的一項修正案及國際船舶和港口設施保全章程（International Ship and Port Facility Security Code; ISPS Code 簡稱 ISPS），並於 2004 年 7 月 1 日開始生效。其規定港口國政府、船東、船上人員以及港口／設施人員察覺保全威脅及採取相對的預防措施，以防止保全事件影響從事國際貿易的船舶或港口設施。

⊕ 1-2 海上人命安全國際公約規範相關內容

一、SOLAS 第 V 章航行安全

規則 19 的船舶航行系統和設備之配備要求如下：

1. 客船和液貨船以外之 300 總噸及以上但小於 50,000 總噸之船舶，不遲於 2004 年 7 月 1 日以後之第一次安全設備檢驗或 2004 年 12 月 31 日，以較早者為準，應裝設自動識別系統(AIS)設備並使 AIS 設備始終保持在操作狀態。

2. 自動識別系統之功能：自動提供船舶識別碼、船型、船位、航向、航速、航行狀態及其他安全有關資訊給岸臺、其他船舶及飛機。

    (1) 自動接收其他船舶 AIS 發送之上述資訊。

    (2) 監視及追蹤船隻。

    (3) 與岸臺設施做資料交換。

二、SOLAS 第 XI 章加強海事安全之特別措施

（一）修正規則 3（船舶識別碼）

要求所有 100 總噸及以上之客船，以及 300 總噸及以上之貨船最遲於 2004 年 7 月 1 日以後之第一次塢修檢驗時應將 IMO 船舶編號(IMO 1234567)永久標記在：(a)船艉或船舯外板或船樓之側面或前面之可見位置，或若為客輪則在由空中可清楚看見之水平面上，其字體高度應不小於 200 mm；以及(b)機艙端部隔艙壁或貨艙口或液貨船之泵浦間內或 RO-RO 艙之一個端部隔艙壁之易於接近之部位，其字體高度應不小於 100 mm。

（二）新增規則 5（連續概要紀錄）

要求每一艘客船，以及 500 總噸及以上之貨船於 2004 年 7 月 1 日起均應由主管機關用 IMO 制訂之格式以英文及官方語言發給「連續概要紀錄」並保存於船上隨時可供檢查，該「連續概要紀錄」旨在船上提供一份船舶歷史紀錄，其內容至少包括：船旗國國名、註冊日期、船舶識別碼、船名、船籍港、船東及其登記地址、船級協會以及簽發 DOC、SMC 及 ISSC 之機構等資訊，並適時更新。

（三） 新增第 XI-2 章（加強海事保全之特別措施）

Reg. 1　Definitions 定義

Reg. 2　Application 適用範圍

Reg. 3　Obligations of Contracting Governments with respect to security 締約國政府之保全義務

Reg. 4　Requirements for Companies and Ships 對公司和船舶之要求

Reg. 5　Specific responsibilities of Companies 公司之具體責任

Reg. 6　Ship security alert system 船舶保全警報系統

Reg. 7　Threat to ships 對船舶之威脅

Reg. 8　Master's discretion for ship safety and security 船長對船舶安全和保全之決定權

Reg. 9　Control and compliance measures 管制和符合措施

Reg.10　Requirements for port facilities 對港口設施之要求

Reg.11　Alternative security agreements 替代保全協定

Reg.12　Equivalent security arrangements 等效保全安排

Reg.13　Communication of information 資料之送交

1. **規則 1 定義：**

   (1) 船及港介面活動：係指當船舶受到往來於人員、貨物移動或港口服務提供等活動之直接和密切影響時發生之交互活動。

   (2) 港口設施：由締約國政府或由指定當局確定之發生船及港介面活動之場所，其中包括錨地、等候停泊區和進港航道等區域。

   (3) 船對船活動：係指涉及物品或人員從一船向另一船轉移之任何與港口設施無關之活動。

   (4) 指定當局：係指在締約國政府內所確定之負責從港口設施之角度，確保實施本章涉及港口設施保全和船及港介面活動規定之機構或主管機關。

   (5) 保全等級：係指企圖造成保全事件或發生保全事件之風險級別劃分。

   (6) 保全聲明：係指船舶與作為其介面活動之港口設施或其他船舶之間達成之協議，規定各自將實行之保全措施。

   (7) 認可保全機構：係指經授權展開本章或 ISPS 章程 A 部分所提出要求之評估，或驗證、認可或發證等活動，具備適當保全專長並具備適當船舶和港口操作方面知識之機構。

2. **規則 2 適用範圍**：SOLAS 公約第 XI-2 章適用於以下各類從事國際航行之船舶：

(1) 客船包括高速客船。

(2) 500 總噸及以上之貨船包括高速貨船。

(3) 移動式海上鑽井平臺；和為此類國際航行船舶服務之港口設施。

不適用於軍艦、海軍輔助船、或由締約國政府擁有或經營並僅用於政府非商業性服務之其他船舶。

3. **規則 3 締約國政府之保全措施**：主管機關應為懸掛其國旗之船舶規定保全等級並確保向其提供保全等級方面之資訊。當保全等級發生變化時，保全等級資訊應根據情況予以更新。

締約國政府應為其境內之港口設施和進入其港口前之船舶或在其港口內之船舶規定保全等級，並確保向其提供保全等級方面之資訊。當保全等級發生變化時，應根據情況對保全等級資訊予以更新。

4. **規則 4 對公司和船舶之要求**：公司應符合本章和 ISPS 章程 A 部分之相關要求，並考慮到 ISPS 章程 B 部分提供之指導。

船舶應符合本章和 ISPS 章程 A 部分之相關要求，並考慮到 ISPS 章程 B 部分提供之指導，對此種符合應按 ISPS 章程 A 部分之規定予以驗證和發證。

船舶在進入締約國境內之港口之前或在締約國境內之港口期間，如果締約國政府規定之保全等級高於該船主管機關為其規定之保全等級，船舶應符合締約國規定之保全等級要求（保全等級由締約國政府決定）。

船舶應對改為更高之保全等級作出回應，不得有不當延誤。

5. **規則 5 公司之具體責任**：公司應確保船長在船上始終有資料可供締約國政府正式授權之官員用以確定：

(1) 誰負責指派船員或當前該船業務上所僱用或工作之其他人員。

(2) 誰負責決定船舶之使用。

(3) 如果船舶按租船合同之條款使用，誰是租船合同之各方。

6. **規則 6 船舶保全警報系統**：所有船舶應按以下規定裝設船舶保全警報系統：

(1) 在 2004 年 7 月 1 日或以後建造之船舶。

(2) 在 2004 年 7 月 1 日前建造之客船，包括高速客船，不遲於 2004 年 7 月 1 日以後之第一次無線電設備檢驗。

(3) 在 2004 年 7 月 1 日前建造之 500 總噸及以上之油船、化學品液貨船、氣體運輸船、散裝船和高速貨船，不遲於 2004 年 7 月 1 日以後之第一次無線電設備檢驗。

(4) 在 2004 年 7 月 1 日前建造之 500 總噸及以上之其他貨船和移動式海上鑽井平臺，不遲於 2006 年 7 月 1 日以後之第一次無線電設備檢驗。

船舶保全警報系統啟動後應：

(1) 開始向主管機關指定之主管當局，在此情況下可包括公司，發送船對岸保全警報，確定船舶身分、船位並指出該船之保全狀況受到威脅或已受到危害。

(2) 不向任何其他船舶發送船舶保全警報。

(3) 不在船上發出任何警報。

(4) 持續發送船舶保全警報直到解除和／或復歸。

船舶保全警報系統應：

(1) 能從駕駛室和至少一個其他位置啟動。

(2) 遵從不低於本組織通過之性能標準（MSC.136-76 決議案）。

船舶保全警報系統啟動點應能防止誤發船舶保全警報，只要符合本條之所有要求，可以透過使用符合第 IV 章要求之無線電設備以符合船舶保全警報系統之要求。

當主管機關收到船舶保全警報通知時，主管機關應立即通知船舶當時所在位置附近之國家，當締約國政府從非懸掛其國旗之船舶收到船舶保全警報通知時，締約國政府應立即通知有關主管機關，並在適當情況下通知船舶當時所在位置附近之國家。

7. **規則 7 對船舶之威脅**：締約國政府應為在其領海內營運或已向其通報進入其領海意圖之船舶規定保全等級並確保向其提供保全等級資訊。

締約國政府應提供一個聯絡點，上述船舶能夠通過該聯絡點請求諮詢或協助並報告關於船舶動向或通信之任何保全問題。

如果確定了存在受到襲擊之風險，相關締約國政府應將以下情況告知有關船舶及其主管機關：

(1) 當前之保全等級。

(2) 按照 ISPS 章程 A 部分之規定，相關船舶為防備受到襲擊而應採取之任何保全措施。

(3) 沿岸國已決定採取之保全措施。

8. **規則 8 船長對船舶安全和保全之決定權**：船長依照其專業判斷而作出或執行為維護船舶安全或保全所必需之決定，應不受公司、承租人或任何他人之約束。這包括拒絕人員（經確認之締約國政府正式授權之人員除外）或其物品上船和拒絕裝貨，包括貨櫃或其他封閉之貨運單元。

如果依照船長之專業判斷在船舶操作中出現適用於該船之安全和保全要求之間發生衝突之情況，船長應執行為維護船舶安全所必須之要求。

9. **規則 9 管制和符合措施**：本章所適用之每一條船在另一締約國政府之港內時，均應受到該國政府正式授權官員之管制，該官員可以是行使第 1/19 條所規定職責之同一官員，除有明確理由相信船舶不符合本章或 ISPS 章程 A 部分之要求外，此種管制應限於驗證船上有根據 ISPS 章程 A 部分規定簽發之有效「國際船舶保全證書」或有效「臨時國際船舶保全證書」該證書如屬有效，則應予承認。如表 1-1、1-2 所示。

如果有明確理由，或者不能按要求出示有效證書，締約國政府正式授權之官員應對船舶採取管制措施如下：檢查船舶、延遲船期、扣留船舶、限制操作（包括限制在港內移動）、或將船舶驅逐出港。此類管制措施還可輔以其他較輕之行政或矯正措施，或由其他較輕之行政或矯正措施代替。

表 1-1　國際船舶保全證書格式

A 部分之附件

附件 1

國際船舶保全證書格式

國際船舶保全證書

（公章）

　　（國家）

證書號碼：

　　本章證書依照「國際船舶和港口設施保全章程（ISPS 章程）」之規定，

經＿＿＿＿＿＿＿＿＿＿＿＿＿＿＿＿＿＿＿＿＿＿＿＿政府授權，

（國家名稱）

由＿＿＿＿＿＿＿＿＿＿＿＿＿＿＿＿＿＿＿＿＿＿＿簽發。

（經授權之人員或組織）

船名：＿＿＿＿＿＿＿＿＿＿＿＿＿＿＿＿＿＿＿＿＿＿＿＿＿

船舶號數或信號符字：＿＿＿＿＿＿＿＿＿＿＿＿＿＿＿＿＿＿＿

船籍港：＿＿＿＿＿＿＿＿＿＿＿＿＿＿＿＿＿＿＿＿＿＿＿＿＿

船舶型式：＿＿＿＿＿＿＿＿＿＿＿＿＿＿＿＿＿＿＿＿＿＿＿＿

總噸位：＿＿＿＿＿＿＿＿＿＿＿＿＿＿＿＿＿＿＿＿＿＿＿＿＿

IMO 編號：＿＿＿＿＿＿＿＿＿＿＿＿＿＿＿＿＿＿＿＿＿＿＿

公司名稱和地址：＿＿＿＿＿＿＿＿＿＿＿＿＿＿＿＿＿＿＿＿＿

茲證明：

1. 本船之保全系統和任何相關之保全設備業已按 ISPS 章程 A 部分第 19.1 節之規定
   進行了驗證。

2. 驗證顯示本船之保全系統和任何相關之保全設備在所有方面均令人滿意，本船符合
   公約第 XI-2 章和 ISPS 章程 A 部分之適用要求。

3. 本船有一份經認可之「船舶保全計畫」＿＿＿＿＿＿＿＿＿＿＿＿＿＿＿＿＿

　　本證書有效期至＿＿＿＿＿＿＿＿＿＿＿＿＿＿＿＿＿＿＿＿＿止

但應按 ISPS 章程 A 部分第 19.1.1 節規定驗證。

發證地點＿＿＿＿＿＿＿＿＿＿＿＿＿＿＿＿＿＿＿＿＿＿＿＿＿＿

（發證地點）

發證日期＿＿＿＿＿＿＿＿＿＿＿＿＿＿　　＿＿＿＿＿＿＿＿＿＿

（經正式授權發證之官員簽名）

（主管機關蓋章或鋼印）

資料來源：台北海洋科技大學保全職責船員訓練教材。

表 1-2　臨時國際船舶保全證書格式

附件 2

臨時國際船舶保全證書格式

臨時國際船舶保全證書

（公章）

　　（國家）

證書號碼：

　　本章證書依照「國際船舶和港口設施保全章程（ISPS 章程）」之規定，

經 ....政府授權，

　　　　　　　　（國家名稱）

由 ....簽發。

　　　　　　　（經授權之人員或組織）

船名： ....

船舶號數或信號符字： ....

船籍港： ....

船舶型式： ....

總噸位： ....

IMO 編號： ....

公司名稱和地址： ....

本證書是否為後來之連續臨時證書？　是／否

如果是，最初臨時證書之簽發日期 ....

茲證明已符合 ISPS 章程第 A/19.4.2 節之要求。

　　本證書係依 ISPS 章程第 A/19.4 節簽發。

　　本證書有效期至 ....

發證地點 ....

　　　　　　　　（發證地點）

發證日期 ....　　　.....................................

　　　　　　　　　　　　　　（經正式授權發證之官員簽名）

（主管機關蓋章或鋼印）

資料來源：台北海洋科技大學保全職責船員訓練教材。

可能明確理由之實例可包括（如果相關）：

(1) 在審查證書時取得之關於證書無效或已過期之證據。

(2) 要求之保全設備文件或安排存在嚴重缺陷之證據或可靠資訊。

(3) 收到報告或申訴，根據正式授權官員之職業判斷，報告和申訴包含了明確指出船舶不符合要求之可靠資訊。

(4) 正式授權官員透過職業判斷所取得關於船長或船舶人員不熟悉關鍵之船上保全程序或不能展開與船舶保全有關之演練或未履行該程序或演練之證據或發現。

(5) 正式授權官員透過職業判斷取得關於船舶人員中之關鍵成員不能與任何其他船舶人員中負有船上保全責任之關鍵成員建立正常通信之證據或發現。

(6) 關於船舶在某一港口設施或從另一船舶接納人員上船、裝載了物料或貨物，而該港口設施或其他船舶違反 7 第 XI-2 章或本章程 A 部分，且該船舶沒有填寫「保全聲明」，也沒有採取適當的、特別的或附加的措施或沒有維持適當的船上保全程序之證據或可靠資訊。

(7) 關於船舶在某一港口設施或從另一來源（例如另一船舶或直升飛機轉送）接納人員上船、裝載了物料或貨物，而該港口設施或其他來源不要求符合第 XI-2 章或本章程 A 部分，且該船舶沒有採取適當的、特別的或附加的措施或沒有維持適當的船上保全程序之證據或可靠資訊。

(8) 如果船舶持有連續簽發之「臨時國際船舶保全證書」，並且根據正式授權官員之職業判斷，如果船舶或公司申請此種證書之目的之一是為了躲避完全符合第 XI-2 章或本章程 A 部分之要求。

擬進入另一締約國港口之船舶：

為避免對船舶採取管制措施或步驟之必要性，締約國政府可以要求擬進入其港口之船舶在進港之前向該締約國政府正式授權之官員提供以下資訊，以確保符合本章之要求：

(1) 船舶之有效證書及證書簽發機關名稱。

(2) 船舶當前營運所處之保全等級。

(3) 船舶在其所停靠之前 10 個港口設施之時間段內，曾進行船／港介面活動之任何港口內時船舶所處之保全等級。

(4) 船舶在其所停靠之前 10 個港口設施之時間段內，曾進行船／港介面活動之任何港口內時，船舶所採取之任何特別或附加保全措施。

(5) 在其所停靠之前 10 個港口設施之時間段內，船舶在任何船對船活動中維持之船舶保全程序。

(6) 與保全有關之其他實際資訊，並考慮到 ISPS 章程 B 部分提供之指導。

船長可以拒絕提供，但須明白不提供該資訊可能導致該船無法進港。

表 1-3 前十港之保全等級紀錄表格式

CSGR-770									

中鋼運通股份有限公司 China Steel Express Corporation

中 鋼 成 長 輪 前十港口之保全等級記錄表

M.V. China Steel Growth Security Level Record at Last Ten Port

編號 No.	1	2	3	4	5	6	7	8	9	10
港口名稱 Port Name	KAOHSIUNG TAIWAN	TAICHUNG TAIWAN	KAOHSIUNG TAIWAN	PORT KEMBLA AUSTRALIA	TAICHUNG TAIWAN	KAOHSIUNG TAIWAN	HAY POINT AUSTRALIA	KAOHSIUNG TAIWAN	TAICHUNG TAIWAN	NEWCASTLE AUSTRALIA
抵港日 Arr. Date	2016/Apr/17	2016/Apr/14	2016/Apr/07	2016/Mar/08	2016/Feb/20	2016/Feb/14	2016/Jan/31	2016/Jan/10	2016/Jan/08	2015/Dec/21
離港日 Dep. Date	2016/Apr/21	2016/Apr/16	2016/Apr/13	2016/Mar/23	2016/Feb/22	2016/Feb/20	2016/Feb/02	2016/Jan/19	2016/Jan/10	2015/Dec/23
活動情況 Activities	NORMAL	NORMAL	NORMAL	NORMAL	NORMAL	NORMAL	NORMAL	NORMAL	NORMAL	NORMAL
保全等級 Security Level	1	1	1	1	1	1	1	1	1	1
是否採取特別保全措施 Any Special Security Measure to Take...	N/A	N/A	N/A	N/A	N/A	N/A	N/A	N/A	N/A	N/A
船長 Master:					SSO：					
										CSGR-770

資料來源：中鋼運通船舶保全計畫程序書。

10. **規則 10 對港口設施之要求**：港口設施應符合本章和 ISPS 章程 A 部分之相關要求，並考慮到 ISPS 章程 B 部分提供之指導。

在其境內擁有適用本條之港口設施之締約國政府應確保：

(1) 按照 ISPS 章程 A 部分之規定，展開港口設施保全評估，並對其予以評審和認可。

(2) 按照 ISPS 章程 A 部分立規定制訂、審查、認可並實施港口設施保全計畫。締約國政府應指定並通報港口設施保全計畫所應涉及之各保全等級之對應措施，包括在何時要求提交保全聲明。

11. **規則 11 替代保全協定**：締約國政府在實施本章和 ISPS 章程 A 部分時，可以與其他締約國政府就其境內港口設施之間之短途固定航線國際航行之替代保全安排達成雙邊或多邊書面協定。

此類協定範圍以內之船舶不得與協定範圍以外之任何船舶進行船對船活動。

對此類協定應予以定期審查，審查時要考慮到所取得之經驗以及特定情況發生之變化或對協定範圍以內之船舶、港口設施或航線之保全所受威脅之評估。

12. **規則 12 等效保全安排**：主管機關可以允許懸掛其國旗之某一特定船舶或一組船舶實施等效於本章或 ISPS 章程 A 部分所述措施之其他保全措施，但此類保全措施至少須與本章或 ISPS 章程 A 部分所述措施同樣有效。

締約國政府在實施本章和 ISPS 章程 A 部分時，可以允許其境內之某一特定港口設施或一組港口設施（根據第 11 條達成之協定範圍以內之港口設施除外）實施等效於本章或 ISPS 章程 A 部分所述措施之保全措施，但此類保全措施至少須與本章或 ISPS 章程 A 部分所述措施同樣有效。

13. **規則 13 資料之送交**：締約國政府應不遲於 2004 年 7 月 1 日將以下資料送交 IMO 並應使公司和船舶能夠得到這些資料：

(1) 負責船舶和港口設施保全事宜之國家（各）當局之名稱和詳細聯繫方式。

(2) 經認可之港口設施保全計畫在其領土內所涵蓋之地點。

(3) 被指定全天接收船對岸保全警報和針對警報採取行動之人員之姓名和詳細聯繫方式。

(4) 被指定全天接收實施管制和符合措施之締約國政府任何消息之人員之姓名和詳細聯繫方式。

(5) 被指定全天為船舶提供諮詢或協助以及船舶能夠向其報告任何保全問題之人員之姓名和詳細聯繫方式；並在此類資料以後發生變他時更新該資料。

締約國政府應不遲於 2004 年 7 月 1 日將其所授權代其行事之任何認可保全機構之名稱和詳細聯繫方式，以及一份關於其境內港口設施之已認可之港口設施保全計畫，以及每份已認可之港口設施保全計畫所涵蓋地點和相應認可日期之清單送交 IMO。

1-3 國際船舶與港埠設施保全章程相關內容

一、國際船舶及港埠設施保全章程 A 部分（強制性）

「國際船舶及港埠設施保全章程(International Code for the Security of Ships and of Port Facilities; ISPS Code)」之 A 部分包含經修訂之「1974 年海上人命安全國際公約(International Convention for the Safety of Life at Sea, 1974; SOLAS)」附錄第 XI-2 章所述之強制性規定，A 部分與船舶保全有關之標題大綱如下：

第一節　總則

(一) ISPS 章程之目標

1. 建立一個締約國政府、政府部門、地方行政機關和航運業以及港口業進行合作之國際框架，以探察保全威脅並針對影響到用於國際貿易之船舶或港口設施之保全事件採取防範措施。

2. 確立締約國政府、政府部門、地方行政機關和航運業以及港口業各自在國內和國際層面上確保海事保全之作用和責任。

3. 確保及時和有效地收集和交流與保全有關之資訊。

4. 提供一套用於保全評估之方法，以具備對保全等級之變化作出反應之計畫和程序。

5. 確保對具備充分和恰當之海事保全措施抱有信心。

(二) ISPS 章程之功能要求

1. 搜集並評估與保全威脅有關之資訊，並與相關締約國政府交流該資訊。

2. 要求保持船舶和港口設施之通信協定。

3. 防止擅自進入船舶、港口設施及其限制區域。

4. 防止擅自將武器、燃燒裝置或爆炸物帶入船舶或港口設施。

5. 提供對保全威脅或保全事件作出反應之報警方式。

6. 要求在保全評估之基礎上制訂船舶和港口設施保全計畫。

7. 要求進行訓練和演習，以確保熟悉保全計畫和程序。

第二節 定義

「船舶保全計畫」係指為確保在船上採取旨在保護船上人員、貨物、貨物運輸單元、船舶物料或船舶免受保全事件威脅之措施而制訂之計畫。

「港口設施保全計畫」係指為確保採取旨在保護港口設施和港口設施內之船舶、人員、貨物、貨物運輸單元和船上物料免受保全事件危脅之措施而制訂之計畫。

船舶保全員係指由公司指定之承擔船舶保全責任之船上人員，此人對船長負責，其責任包括實施和維護「船舶保全計畫」以及與公司保全員和港口設施保全員進行聯絡。

公司保全員係指由公司所指定之人員，負責確保船舶保全評估得以展開，「船舶保全計畫」得以制訂提交認可，而後得以實施和維持，並與港口設施保全員和船舶保全員進行聯絡。

港口設施保全員係指被指定負責制訂、實施、修訂「港口設施保全計畫」以及與船舶保全員和公司保全員進行聯絡之人員。

第三節　通用範圍

ISPS 章程適用於：

(一) 以下各類從事國際航行之船舶

1. 客船包括高速客船。

2. 500 總噸及以上之貨船包括高速貨船。

3. 移動式海上鑽井平臺。

(二) 為此類國際航行船舶服務之港口設施

不適用於軍艦、海軍輔助船、或由締約國政府擁有或經營並僅用於政府非商業性服務之其他船舶。

ISPS 章程第 5 至 13 節和第 19 節適用於船舶和公司。

ISPS 章程第 5 節和第 14 至 18 節適用於第 Xl-2/10 條所規定之港口設施。

第四節　締約國政府之責任

締約國政府應規定保全等級並為防止發生保全事件提供指導，在規定適當之保全等級時應考慮之因素包括：

1. 威脅資訊之可信程度。

2. 威脅資訊得以佐證之程度。

3. 威脅資訊之具體或緊迫程度。

4. 該保全事件之潛在後果。

國際通用之保全等級包括：

1. 保全等級 1，普通狀態；船舶和港口設施通常在此等級上運營。

2. 保全等級 2，加強狀態；此等級適用於保全事件風險加大之情況。

3. 保全等級 3，特殊狀態；此等級適用於有發生保全事件之可能或出現迫在眉睫之保全威脅之時段。

締約國政府在規定保全等級 3 時，應發出必要之適當指令，並應向可能受到影響之船舶和港口設施提供與保全有關之資訊。

締約國政府可以授權認可保全機構來承擔某些與保全有關之工作，包括：

1. 代表主管機關認可「船舶保全計畫」或其修正內容。

2. 代表主管機關對船舶符合第 Xl-2 章和 ISPS 章程 A 部分要求之情況進行驗證和發證。

3. 展開締約國政府所要求之港口設施保全評估。

   但以下工作除外：

1. 規定適用之保全等級。

2. 認可港口設施保全評估和已認可評估之後續修訂。

3. 確認須指定港口設施保全員之港口設施。

4. 認可「港口設施保全計畫」和已認可計畫之後續修訂。

5. 採取管制和符合措施。

6. 規定關於「保全聲明」之要求。

   締約國政府應在其認為合適之限度內，測試其所認可之船舶或港口設施保全計畫之有效性。

第五節　保全聲明(DOS)

締約國政府應經評估船／港介面活動或船對船活動對人員、財產或環境造成之風險，以確認何時要求「保全聲明」(Declaration of security)。

船舶在下列情況下可要求填寫「保全聲明」：

1. 該船營運所處之保全等級高於其所從事介面活動之港口設施或另一船舶之保全等級。

2. 在締約國政府之間有涉及某些國際航線或這些航線上之特定船舶關於「保全聲明」之協定。

3. 曾經有過涉及該船或該港口設施之保全威脅或保全事件，如果相關。

4. 該船位於一個不要求具有和實施經認可之「港口設施保全計畫」之港口。

5. 該船與另一艘不要求具有實施經認可之「船舶保全計畫」之船舶進行船對船活動。

「保全聲明」應由以下各方以英文或雙方都熟悉之語言填寫：

1. 船長或船舶保全員，代表船舶。

2. 港口設施保全員，或由負責岸上保全之任何其他機構，代表港口設施。

「保全聲明」應處理港口設施和船舶之間（或船舶與船舶之間）可同意之保全要求，並應說明各自之責任。

第六節　公司之責任

公司應確保「船舶保全計畫」中包含強調船長權威之明確陳述。公司應在「船舶保全計畫」中明定船長在就船舶保全作出決定方面，以及在必要時請求公司或任何締約國政府提供協助方面具有最高之權威和責任。

公司應確保向公司保全員、船長和船舶保全員提供必要之支援以使其按照第 XI-2 章和章程本部分履行職責和責任。

公司應確保船長在船上始終有英文資料可供締約國政府正式授權之官員用以確定：

1. 誰負責指派船員或該船業務上所僱用或工作之其他人員。

2. 誰負責決定船舶之使用。

3. 如果船舶按租船合同之條款使用，誰是租船合同之各方。

第七節　船舶保全

船舶須按締約國政府規定之保全等級採取下述行動：

1. 當處於保全等級 1 時，應透過適當之措施並考慮到 ISPS 章程 B 部分提供之指導，在所有船上展開以下活動，以便針對保全事件確認並採取防範措施：

   (1) 確保履行船舶之所有保全職責。

   (2) 對進入船舶予以控制。

   (3) 控制人員及其物品上船。

   (4) 監視限制區域以確保只有經過授權之人才能進入。

   (5) 監視甲板區域和船舶周圍區域。

   (6) 監督貨物和船舶物料裝卸。

   (7) 確保隨時可進行保全通信。

2. 當處於保全等級 2 時，應考慮到 ISPS 章程 B 部分之指導，上述所列之每項活動實施「船舶保全計畫」中規定之附加保護性措施。

3. 當處於保全等級 3 時，應考慮到 ISPS 章程 B 部分之指導，上述所列之每項活動實施「船舶保全計畫」中規定之進一步特殊保護性措施。

如果船舶按主管機關要求，所設定之或已處於之保全等級高於其擬進入或所在港口所規定之保全等級，船舶應立即將此情況通知港口設施所在締約國政府之主管 當局和港口設施保全員並協調適當之行動。

如果主管機關規定了保全等級 2 或 3，船舶應確認已收到關於改變保全等級之指令。

在進港前或在締約國境內之港口期間，當締約國規定了保全等級提升至 2 和 3 時，船舶應確認已收到指令並應向港口設施保全員確認已開始實施「船舶保全計畫」所列明之適當措施和程序，以及在保全等級 3 時規定保全等級 3 之締約國政府發出之指令所列明之適當措施和程序。

第八節　船舶保全評估(SSA)

公司保全員應確保船舶保全評估是由具備評價船舶保全之適當技能之人員按照本節之規定並考慮到本章程 B 部分之指導來展開，並依照評估結果制訂「船舶保全計畫」將之提交認可。

船舶保全評估是「船舶保全計畫」制訂和更新過程之重要和必要組成部分；船舶保全評估應包括現場保全檢驗及至少以下要素：

1. 確認現有保全措施、程序和操作。

2. 確認並評價應予重點保護之船上關鍵操作。

3. 確認船上關鍵操作可能受到之威脅及其發生之可能性，以確認並按優先順序排定保全措施。

4. 找出基礎設施、政策和程序中之弱點，包括人為因素。

船舶保全評估應由公司文件化、加以審查、接受並保存。船舶保全評估應考慮到在常規和緊急情況下現有保全措施、指導、程序和操作之持續相關性，並應確認保全指導，其中包括：

1. 限制區域。

2. 火災或其他緊急情況之應急程序。

3. 對船舶人員、乘客、來訪者、商販、機修工和碼頭工人等之監督等級。

4. 保全巡邏之頻率和有效性。

5. 控制進出之系統，包括身分確認系統。

6. 保全通信系統和程序。

7. 保全門、屏障和照明。

8. 保全和警戒設備與系統（如有）。

　船舶保全評估應考慮需要重點保護之人員、活動、服務和操作，包括：

1. 船舶人員。

2. 乘客、來訪者、商販、機修工、港口設施人員等。

3. 保持安全航行和應急反應之能力。

4. 貨物、特別是危險貨物或有害物質。

5. 船舶物料。

6. 船舶保全通信設備和系統（如有）。

7. 船舶保全警戒設備和系統（如有）。

　船舶保全評估應考慮所有可能之威脅，其中可包括以下類型之保全事件：

1. 對船舶或港口設施之損壞或破壞，例如透過爆炸裝置、縱火、破壞或惡意行為。

2. 劫持或奪取船舶或船舶人員。

3. 損壞貨物、船舶關鍵設備或系統或船舶物料。

4. 未經允許進入或使用，包括存在偷渡者。

5. 走私武器或設備，包括大規模殺傷性武器。

6. 使用船舶運輸企圖製造保全事件之人／或其設備。

7. 利用船舶本身作為製造損壞或破壞之武器或方式。

8. 從海上攻擊停靠或錨泊之船舶。

9. 在海上攻擊船舶。

　　船舶保全評估應考慮到所有可能之脆弱性，其中可能包括：

1. 安全和保全措施之間之矛盾。

2. 船上職責和保全任務之矛盾。

3. 當值職責、船舶人員之數目，特別是其對船員疲勞、警覺性和工作之影響。

4. 任何所發現之保全訓練不足。

5. 包括通信系統在內之保全設備和系統。

　　在完成船舶保全評估後，應準備一份報告，內容包括：概括評估是如何進行之、對評估期間發現之每項脆弱性之描述、以及對可用來解決各項脆弱性之應對措施之描述。對報告應加以保護，防止擅自接觸或洩露。

第九節　船舶保全計畫(SSP)

　　每艘船均應攜帶經主管機關認可之「船舶保全計畫」，該計畫應就 ISPS 章程 A 部分所定義之三個保全等級作出相關規定。

　　船舶保全計畫之制訂應考慮到本章程 B 部分之指導，並應以該船之工作語言寫成，如所用語言不是英文、法文或西班牙文，還應包括其中一種文字之譯文，該計畫至少應涉及以下內容：

1. 防止將企圖用於攻擊人員、船舶或港口之武器、危險物質和裝置擅自攜帶上船之措施。

2. 對限制區域之確認以及防止擅自進入限制區域之措施。

3. 防止擅自進入船舶之措施。

4. 對保全威脅或保全狀況之破壞作出反應之程序，包括維持船舶或船／港介面之關鍵操作之規定。

5. 對締約國政府在保全等級 3 時可能發出之指令作出反應之程序。

6. 在保全威脅或保全狀況受到破壞時之撤離程序。

7. 船上負有保全責任之人員和船上其他參與保全事務人員之職責。

8. 保全活動稽核程序。

9. 與計畫有關之訓練、演練和演習程序。

10. 與港口設施保全活動進行配合之程序。

11. 定期審查和更新該計畫之程序。

12. 報告保全事件之程序。

13. 指明船舶保全員。

14. 指明公司保全員，包括 24 小時聯繫細節。

15. 確保檢查、測試及校準和保養船上裝設任何保全設備之程序。

16. 測試或校準船上裝設之任何保全裝設之頻率。

17. 指明船舶保全警報系統啟動點之安裝位置。

18. 船舶保全警報系統之使用，包括試驗、啟動、解除、復歸和減少誤報警之程序、說明和指導。

　　主管機關可將「船舶保全計畫」之審查和認可工作或對以前已認可計畫之修正審查和認可工作委託給保全機構(RSO)。

　　提交認可之「船舶保全計畫」或對以前經過認可之「船舶保全計畫」之修訂內容應附有制定該計畫或修訂內容所依據之保全評估。

　　應對計畫予以保護，防止擅自接觸或洩露，除非有明確理由否則「船舶保全計畫」不受締約國政府正式授權官員(PSC)之檢查。

　　在各保全等級可採取之具體保全措施，包括：

1. 船舶人員、乘客、來訪者等進入船舶。

2. 船上之限制區域。

3. 貨物裝卸。

4. 船舶物料交付。

5. 非隨身行李裝卸。

6. 監視船舶保全。

第十節　紀錄

　　「船舶保全計畫」涉及之以下活動之紀錄應按主管機關規定之最低期限保存在船上並予以保護，防止擅自接觸或洩露：

1. 訓練、演練和演習。

2. 保全威脅和保全事件。

3. 保全狀況受到破壞。

4. 保全等級改變。

5. 與船舶保全狀況直接相關之通信，例如對船舶或港口設施之具體威脅。

6. 保全活動之內部稽核和審查。

7. 對船舶保全評估之定期審查。

8. 對「船舶保全計畫」之定期審查。

9. 保全計畫任何修訂內容之實施。

10. 保全設備之保養、校準和測試，包括對船舶保全警報系統之測試。

　　應採用船上之工作語言來保持紀錄。如果所用語言不是英語、法語或西班牙語，應包括這三種語言之一之譯文。

第十一節　公司保全員(CSO)

　　公司應指定一名公司保全員，被指定為公司保全員之人可作為一艘或數艘船之公司保全員，視公司所經營之船舶數量或類型而定，但須明確指定此人所負責之船舶。公司視其所經營之船舶數量或類型，可指定數人作為公司保全員，但須明確指定每人所負責之船舶。

　　公司保全員之職責和責任應包括但不限於以下內容：

1. 利用適當之保全評估和其他相關資訊，就船舶可能遇到威脅之等級提出建議。

2. 確保船舶保全評估得以展開。

3. 確保「船舶保全計畫」得以制訂、提交認可以及隨後得以實施和維護。

4. 確保對「船舶保全計畫」進行適當修改，以矯正缺陷並符合各船之保全要求。

5. 安排對保全活動進行內部稽核和審查。

6. 安排由主管機關或認可保全機構對船舶進行初次和後續之驗證。

7. 確保迅速解決和處理在內部稽核、定期審查、保全檢查和符合驗證期間確認之缺陷和不符合事項。

8. 加強保全意識和警惕性。

9. 確保負責船舶保全之人員受到適當之訓練。

10. 確保船舶保全員和相關港口設施保全員之間之有效溝通與合作。

11. 確保保全要求和安全要求之和諧性。

12. 若採用了姊妹船或船隊之保全計畫，確保每條船之計畫均準確反映該船具體資訊。

13. 確保為某一特定船舶或某一組船舶而認可之任何替代或等效安排得以實施和保持。

第十二節　船舶保全員(SSO)

在每艘船上均應指定一名船舶保全員，船舶保全員之職責和責任應包括但不限於以下內容：

1. 承擔船舶定期保全檢查，以確保適當之保全措施得以保持。

2. 保持和監督「船舶保全計畫」之實施，包括對該計畫之任何修訂。

3. 與船上其他人員並與有關港口設施保全員協調貨物和船舶物料裝卸中之保全事項。

4. 對「船舶保全計畫」提出修改建議。

5. 向公司保全員報告內部稽核、定期審查、保全檢查和符合驗證期間所確認之缺陷和不符合事項，並採取任何矯正行動。

6. 加強船上保全意識和警惕性。

7. 確保為船上人員提供充分之訓練。

8. 報告所有保全事件。

9. 與公司保全員和有關港口設施保全員協調實施「船舶保全計畫」。

10. 確保正確操作、測試、校準和保養保全設備（如有）。

第十三節　船舶保全之訓練、操演及演習

應考慮到 ISPS 章程 B 部分提供之指導，使公司保全員和適當之岸上人員具備知識並接受訓練。

應考慮到 ISPS 章程 B 部分提供之指導，使船舶保全員具備知識並接受訓練。

船上承擔具體保全職責和責任之人員應理解「船舶保全計畫」中為其規定之船舶保全責任，並應考慮到 ISPS 章程 B 部分提供之指導，其備充分之知識和能力履行其所承擔之職責。

為保證「船舶保全計畫」之有效實施，應考慮到船舶型式、船上人員之變動、所停靠之港口設施和其他相關情況，應至少每 3 個月進行一次演練。此外，如果在任一時間有 25% 之船舶人員被換成了在前 3 個月內未曾參加過該船之任何演練之人員，應在變動後 1 週內進行演練。

公司保全員應確保至少每年進行一次演習，兩次演習間不得超過 18 個月。這些演習應測試通信、協調、資源之可用性和反應，以有效協調和實施「船舶保全計畫」。

第十四節　港埠設施保全

港口設施須遵從其所在領土之締約國政府規定之保全等級，在港口設施執行保全措施和程序時，應最大限度地減少對乘客、船舶、船上人員和來訪者、貨物和服務之干擾或延誤。

當處於保全等級 1 時，應透過適當之措施並考慮到 ISPS 章程 B 部分提供之指導，在所有港口設施內展開以下活動，以確認並採取針對保全事件之防範措施：

1. 確保履行港口設施之所有保全職責。

2. 對進入港口設施加以控制。

3. 監視港口設施，包括錨泊和靠泊區域。

4. 監視限制區域，確保只有經過授權之人員才能進入。

5. 監督貨物裝卸。

6. 監督船舶物料裝卸。

7. 確保隨時可進行保全通信。

當處於保全等級 2 時，應考慮到 ISPS 章程 B 部分提供之指導，對上述所列之每項活動實施「港口設施保全計畫」中規定之附加保護性措施。

當處於保全等級 3 時，應考慮到 ISPS 章程 B 部分提供之指導，對上述所列之每項活動實施「港口設施保全計畫」中規定之進一步特殊保護性措施

當港口設施保全員被告知船舶所處之保全等級高於港口設施保全等級時，應將此事報告主管當局，如有必要，應與船舶保全員取得聯繫並協調適當之行動。

第十五節　港埠設施保全評估(PFSA)

港口設施保全評估是「港口設施保全計畫」制訂和更新過程之重要和必要組成部分。港口設施保全評估應由港口設施所在領土之締約國政府展開，評估之人員應具備根據本節對港口設施之保全進行評估之適當技能，並考慮到本章程 B 部分提供之指導。

締約國政府可以授權認可保全機構來對位於其領土內某一特定港口展開港口設施保全評估。如果港口設施保全評估由認可保全機構來進行，該保全評估應由該港口設施所在領土之締約國予以審查和認可。

對港口設施保全評估應予定期審查和更新，並考慮到所受威脅之變化和港口設施之細小變化。每當港口設施發生重大變化時，均應予審查和更新。

應考慮、作為重點保獲物件之財產和基礎設施可包括：

1. 通道、入口、引航道、錨地、船舶操縱和靠泊區域。

2. 貨物設施、碼頭、堆場和貨物裝卸設備。

3. 系統，例如配電系統、無線電和電信系統以及電腦系統和網路。

4. 港口船舶交通管理系統和導航設施。

5. 電廠、貨物運輸管路和供水系統。

6. 橋梁、鐵路、公路。

7. 港口服務船,包括領港艇、拖輪、交通船。

8. 保全和警戒設備和系統。

9. 港口設施附近之水域。

　　港口設施安全評估應考慮所有之保全威脅,其中可能包括以下類型之保全事件:

1. 對港口設施或船舶損壞或破壞,例如透過爆炸裝置、縱火、毀壞或惡意行為。

2. 劫持或奪取船舶或船上人員。

3. 損壞貨物、船舶關鍵設備或系統或船舶物料。

4. 未經允許進入或使用,包括存在偷渡者。

5. 走私武器或設備,包括大規模殺傷性武器。

6. 使用船舶運輸企圖製造保全事件之人和／或其設備。

7. 利用船舶本身作為製造損壞或破壞之武器或方式。

8. 阻塞港口入口、船閘、引航道等。

9. 核攻擊、生物攻擊和化學攻擊。

　　脆弱性之確認應考慮到以下方面:

1. 從海側或岸側進入港口設施和停靠在設施內之船舶。

2. 碼頭、設施和相關結構之完整性。

3. 現有保全措施和程序,包括身分確認系統。

4. 與港口服務和公用設施有關之保全措施和程序。

5. 保護無線電和通信設備、港口服務和公用設施,包括電腦系統和網路之措施。

6. 在攻擊中可能被利用之附近區域。

7. 與提供海側／岸側保全服務之私人保全公司簽訂之協定。

8. 安全和保全措施及程序之間之任何政策矛盾。

9. 港口設施和保全職責間之任何矛盾。

10. 執行力量和人力之任何限制。

11. 在訓練和演練中確認之任何缺陷。

12. 在日常作業中、發生事件或警報後、報告保全事件時、採取監督措施和進行稽核時發現之任何缺陷。

第十六節　港埠設施保全計畫

應在港口設施保全評估之基礎上，為每個港口設施制訂適合於船／港介面之「港口設施保全計畫」並予以維護。該計畫應針對章程本部分所定義之三個保全等級作出規定，認可保全機構可以為某一特定港口設施制訂「港口設施保全計畫」。

「港口設施保全計畫」應經港口設施所在領土之締約國政府認可。

該計畫之制訂應考慮到 ISPS 章程 B 部分提供之指導，並應以該港口設施之工作語言寫成。該計畫應至少涉及以下內容：

1. 防止將企圖用於攻擊人員、船舶或港口之武器或任何其他危險物質和裝置擅自帶入港口設施或擅自帶上船之措施。

2. 防止擅自進入港口設施、停泊於該設施之船舶和該設施內之限制區域之措施。

3. 對保全威脅或保全狀況破壞作出反應之程序，包括維持港口設施或船／港介面之關鍵操作之規定。

4. 對港口設施所在領土之締約國政府在保全等級 3 時可能發出之任何指令作出反應之程序。

5. 在保全狀況受到威脅或破壞之情況下撤離人員之程序。

6. 負有保全責任之港口設施人員和設施內參與保全事務其他人員之職責。

7. 與船舶保全活動進行配合之程序。

8. 定期審查和更新計畫之程序。

9. 報告保全事件之程序。

10. 指明港口設施保全員，包括 24 小時聯繫細節。

11. 保證該計畫內所含資訊之安全性之措施。

12. 在港口設施內確保有效保護貨物和貨物裝卸設備之措施。

13. 稽核「港口設施保全計畫」之程序。

14. 當位於該港口設施船舶之船上保全警報系統被啟動後作出反應之程序。

15. 便利船上人員登岸度假或船員更換以及包括船員福利和勞工組織之代表在內之來訪者上船之程序。

所有「港口設施保全計畫」應：

1. 詳述港口設施之保全組織。

2. 該組織與其他有關當局之聯繫和必要之通信系統，以使該組織及其與其他方面（包括在港船舶）之聯繫能有效地持續運行。

3. 詳述將要落實之保全等級 1 基本措施，包括操作性和物理性措施。

4. 詳述能使港口設施之保全等級迅速提升至保全等級 2，以及在必要時升至保全等級 3 之附加保全措施。

5. 規定對「港口設施保全計畫」之經常性審查或稽核，以及對其修訂以反映所取得之經驗和環境之變化。

6. 向締約國政府之適當聯絡點報告之程序。

在船上或船舶附近或在港口設施使用武器時，可能會產生特別和嚴重之安全風險，特別是在涉及到某些危險或有害物質時，應給以非常謹慎之考慮。

如果締約國政府決定有必要在這些區域動用武裝人員，締約國政府應確保這些人員得到正式授權並在其武器使用方面受到訓練，使其了解在這些區域存在著特殊之安全風險。如果締約國政府授權使用武器，應發出關於使用武器之專門安全準則。「港口設施保全計畫」應包含關於此問題之具體指導，特別是在載運危險品或有害物質之船上使用。

「港口設施保全計畫」還應確認下列與保全等級有關之事項：

1. 港口設施保全組織之任務和結構。

2. 所有擔負保全職責之港口設施人員之職責和訓練要求，以及用於評估每個人之工作有效性之措施。

3. 港口設施保全組織與其他負責保全之國家地方當局之聯繫。

4. 在港口設施保全人員和靠港船舶之間以及在適當時與負責保全之國家和地方當局保持連續有效通信所配備之通信系統。

5. 在所有時間裡保證連續通信之必要程序或保障措施。

6. 保護書面或電子格式之保全敏感資訊之程序和做法。

7. 用於評估保全措施、程序和設備連續有效性之程序，包括對設備失靈或故障進行確認和反應之程序。

8. 關於可能違反保全規定情況或保全問題報告之提交和評估程序。

9. 關於貨物裝卸之程序。

10. 關於交付船舶物料之程序。

11. 保持、更新和記錄危險品和有害物質及其在港口設施內存放地點之程序。

12. 報警和獲得水上巡邏和專業搜查組服務之方式，包括搜查炸彈和水下搜查。

13. 在被要求協助船舶保全員確認試圖登船人員身分之程序。

14. 便利船舶人員下船休登岸假或人員更替，以及包括船員福利和勞工組織代表在內之來訪者上船之措施。

在各保全等級可採取之具體保全措施，包括：

1. 進入港口設施。

2. 港口設施內之限制區域。

3. 貨物裝卸。

4. 船舶物料交付。

5. 非隨身行李裝卸。

6. 監視港口設施保全。

　　「港口設施保全計畫」可與港口保全計畫或任何其他港口應急計畫相結合，或成為其一部分。應防止擅自接觸或洩露該計畫。

　　港口設施所在領土之締約國政府可簽發一份有效期不超過 5 年之「港口設施符合聲明」，如表 1-4 所示。來指明該港口設施符合第 XI-2 章和本章程 A 部分。

第十七節　　港埠設施保全員

　　應為每個港口設施指定一名港口設施保全員。可指定一人為一個或數個港口設施之港口設施保全員。

　　港口設施保全員之職責和責任還應包括但不限於以下內容：

1. 結合相關之港口設施保全評估對港口設施進行初次全面保全檢驗。

2. 確保制訂和維護「港口設施保全計畫」。

3. 實施和執行「港口設施保全計畫」。

4. 對港口設施進行定期保全檢查，確保保全措施之連續性。

5. 就「港口設施保全計畫」之修改酌情提出建議並進行修改，以矯正缺陷並結合港口設施之相關改變對該計畫進行更新。

6. 增強港口設施人員之保全意識和警惕性。

7. 確保負責港口設施保全之人員獲得充分之訓練。

8. 向有關當局報告危及港口設施保全之事件並保持紀錄。

表 1-4 港口設施符合聲明格式

附件 2

「港口設施符合聲明」之格式

港口設施符合聲明

（官方印鑑）

　　（國家）

聲明號碼

　　本聲明係依照「國際船舶和港口設施保全(ISPS)章程」B 部分之規定簽發。

_____政府

　　　　　　（國名）

港口設施名稱：⋯⋯⋯⋯⋯⋯⋯⋯⋯⋯⋯⋯⋯⋯⋯⋯⋯⋯⋯⋯⋯⋯

港口設施地址：⋯⋯⋯⋯⋯⋯⋯⋯⋯⋯⋯⋯⋯⋯⋯⋯⋯⋯⋯⋯⋯⋯

茲證明經驗證本港口設施符合第 XI-2 章和「國際船舶和港口設施保全(ISPS)章程」A 部分之規定，且本港口設施根據經認可之「港口設施保全計畫」操作。該計畫在以下方面得到認可〈指名操作類型、船舶型式或活動類型或其他有關資訊〉（不適者刪除）：

客船

高速客船

高速貨船

散裝船

油船

化學品船

氣體運輸船

移動式海上鑽井裝置

上述船舶以外之貨船

本「符合聲明」有效期至：⋯⋯⋯⋯⋯⋯⋯⋯⋯⋯⋯⋯⋯⋯⋯⋯⋯，

但應經驗證（見反面）。

發證地點⋯⋯⋯⋯⋯⋯⋯⋯⋯⋯⋯⋯⋯⋯⋯⋯

　　　　　　　　　　（發證地點）

發證日期⋯⋯⋯⋯⋯⋯⋯⋯⋯⋯⋯⋯⋯⋯⋯⋯⋯⋯⋯⋯⋯⋯

　　　　　　　　　　　　　　（經正式授權發證之官員簽名）

　　　　　　　　（主管機關蓋章或鋼印）

資料來源：台北海洋科技大學保全職責船員訓練教材

9. 與相關公司和船舶保全員協調實施「港口設施保全計畫」。

10. 在適當時與提供保全服務之機構協調。

11. 確保負責港口設施保全之人員符合標準。

12. 確保正確操作、測試、校準和保養保全設備（如有）。

13. 在接到請求時，協助船舶保全員確認要求登船人員身分。

應為港口設施保全員提供必要立支援，以便履行第 XI-2 章和章程 A 部分要求其承擔之職責和責任。

第十八節　港口設施保全訓練、演練和演習

應考慮到 ISPS 章程 B 部分提供之指導，使港口設施保全員和適當之港口設施保全人員具備知識並接受訓練。

承擔特定保全職責之港口設施人員應理解「港口設施保全計畫」中為其規定之港口設施保全職責和責任，並應考慮到 ISPS 章程 B 部分提供之指導，具備充分之知識和能力履行其所承擔之職責。

為保證「港口設施保全計畫」之有效實施，應考慮到港口設施營運之類型、港口設施人員之變動、該港口設施所服務之船舶型式和其他相關情況，應至少每 3 個月進行一次演練。

港口設施保全員應確保至少每年進行一次演習，兩次演習間不得超過 18 個月，有效協調和實施「港口設施保全計畫」，並考慮到本章程 B 部分提供之指導。

第十九節　船舶驗證和發證

ISPS 章程所適用之每艘船舶均應接受下文規定之驗證：

1. 在船舶投入營運之前或在第一次簽發證書之前進行之「初次驗證」，該驗證應包括第對 XI-2 章、章程 A 部分和經認可之「船舶保全計畫」之相關要求所涉及之保全系統和任何相關保全設備之全面驗證。該驗證應確保船舶之保全系統和任何相關保全設備完全符合適用要求，處於令人滿意之狀況並適合船舶預定之營運；如表 1-5 所示。

2. 按主管機關規定之間隔進行之換新驗證，其間隔期不超過五年。此驗證應確保船舶之保全系統和任何相關保全設備完全符合第 XI-2 章、章程 A 部分和經認可之「船舶保全計畫」之適用要求，處於令人滿意之狀況並適合船舶預定之營運。

3. 至少一次中期驗證，如表 1-6 所示，如僅進行一次中期驗證，應在證書之第二和第三週年日期之間進行。該中間驗證應包括檢查船舶保全系統和任何相關保全設備，以確保其處於適合船舶預定營運之令人滿意之狀況。此中間驗證應在證書上簽證。

4. 主管機關決定之任何額外驗證，如表 1-7 所示，主管機關可以將驗證委託給認可保全機構執行，船舶完成初次或換新驗證後，認可保全機構應簽發有效期限不超過五年之「國際船舶保全證書」（如果換新驗證在現有證書到期日之前三個月內完成）。

在 2004 年 7 月 1 日以後，船舶如有下述情況並符合 ISPS 章程所規定之條件者，認可保全機構得以簽發「臨時國際船舶保全證書」：

1. 在交船時在投入運營或重新投入運營之前，船舶沒有證書。

2. 某船舶從一締約國政府換旗到另一締約國政府。

3. 某船舶從一非締約國政府換旗到一締約國政府。

4. 如果某公司承擔了其以前未經營過之某一船舶之經營責任。

「臨時國際船舶保全證書」之有效期應為 6 個月，對該證書不得延期。

表 I-5　初次驗證之簽證格式

驗證之簽證

〈填入國家名稱〉政府規定，此符合聲明之有效性取決於〈填入驗證有關細節（如強制性年度驗證或不定期驗證）〉。

　　茲證明，在按 ISPS 章程 B/16.62.4 段進行之驗證中，發現本港口設施符合公約第 XI-2 章和 ISPS 章程 A 部分之相關規定。

第 1 次驗證　　　　　　　　　　　發名 ....

　　　　　　　　　　　　　　　　　　　　（經授權之官員簽名）

　　　　　　　　　　　　　　　　地點 ....

　　　　　　　　　　　　　　　　日期 ....

第 2 次驗證　　　　　　　　　　　發名 ....

　　　　　　　　　　　　　　　　　　　　（經授權之官員簽名）

　　　　　　　　　　　　　　　　地點 ....

　　　　　　　　　　　　　　　　日期 ....

第 3 次驗證　　　　　　　　　　　發名 ....

　　　　　　　　　　　　　　　　　　　　（經授權之官員簽名）

　　　　　　　　　　　　　　　　地點 ....

　　　　　　　　　　　　　　　　日期 ....

第 4 次驗證　　　　　　　　　　　發名 ....

　　　　　　　　　　　　　　　　　　　　（經授權之官員簽名）

　　　　　　　　　　　　　　　　地點 ....

　　　　　　　　　　　　　　　　日期 ....

資料來源：台北海洋科技大學保全職責船員訓練教材

表 1-6 中期驗證之簽證格式

中期驗證之簽證
茲證明本船依 ISPS 章程 A 部分第 19.1.1 節之要求實施驗證符合本公約第 XI-2 章和 ISPS 章程 A 部分之相關規定。

中期驗證　　　　　　　　　　　　發名..

　　　　　　　　　　　　　　　　　　　（經授權之官員簽名）

　　　　　　　　　　　　　　　　地點..

　　　　　　　　　　　　　　　　日期..

（主管機關蓋章或鋼印）

額外驗證之簽證

額外驗證　　　　　　　　　　　　發名..

　　　　　　　　　　　　　　　　　　　（經授權之官員簽名）

　　　　　　　　　　　　　　　　地點..

　　　　　　　　　　　　　　　　日期..

（主管機關蓋章或鋼印）

額外驗證　　　　　　　　　　　　發名..

　　　　　　　　　　　　　　　　　　　（經授權之官員簽名）

　　　　　　　　　　　　　　　　地點..

　　　　　　　　　　　　　　　　日期..

（主管機關蓋章或鋼印）

資料來源：台北海洋科技大學船員保全職責訓練教材

表 1-7	額外驗證之簽證格式

依 ISPS 章程第 A/19.3.7.2 節規定之額外簽證

　　茲證明本船依 ISPS 章程 A 部分第 19.3.7.2 節之要求實施驗證符合本公約第 XI-2 章和 ISPS 章程 A 部分之相關規定。

　　　　　　　　　　　　　　發名
　　　　　　　　　　　　　　　　　　（經授權之官員簽名）
　　　　　　　　　　　　　　地點
　　　　　　　　　　　　　　日期

（主管機關蓋章或鋼印）

適用 ISPS 章程第 A/19.3.3 節規定對有效期少於五年證書之延期簽證

　　本船依 ISPS 章程 A 部分之相關規定，且依 ISPS 章程 A 部分 19.3.3 之規定，本證書有效期延至　　　　　　　　　　　　　　　　　。

額外驗證　　　　　　　　　　　　發名
　　　　　　　　　　　　　　　　　　（經授權之官員簽名）
　　　　　　　　　　　　　　地點
　　　　　　　　　　　　　　日期

（主管機關蓋章或鋼印）

適用 ISPS 章程第 A/19.3.4 節規定於換新驗證完成後之延期簽證

　　本船依 ISPS 章程 A 部分之相關規定，且依 ISPS 章程 A 部分 19.3.4 之規定，本證書有效期延至　　　　　　　　　　　　　　　　。

額外驗證　　　　　　　　　　　　發名
　　　　　　　　　　　　　　　　　　（經授權之官員簽名）
　　　　　　　　　　　　　　地點
　　　　　　　　　　　　　　日期

（主管機關蓋章或鋼印）

資料來源：台北海洋科技大學船員保全職責訓練教材

二、船舶及港埠設施保全國際章程 B 部分（建議性）

「船舶及港埠設施保全國際章程(International Ships and Port Facilities Security Code; ISPS Code)」之 A 部分包含經修訂之「1974 年海上人命安全國際公約(International Convention for the Safety of Life at Sea, 1974; SOLAS)」附錄第 XI-2 章與實施該章 A 部分之指南。

「船舶及港埠設施保全國際章程」B 部分任何內容之閱讀或解釋，都不得與「1974 年海上人命安全國際公約」附錄第 XI-2 章或「船舶及港埠設施保全國際章程」A 部分之規定相矛盾。若由於可能之疏忽而在「船舶及港埠設施保全國際章程」B 部分出現不一致之情況下，應總是以「1974 年海上人命安全國際公約」附錄第 XI-2 章或「船舶及港埠設施保全國際章程」A 部分的規定及其樹立之目的、目標及原理為準。

「船舶及港埠設施保全國際章程」船舶保全有關之標題大綱如下：

1. 緒論－總則、締約國政府之責任、設定保全等級、公司及船舶、港埠設施、訊息及通信。

2. 定義。

3. 適用範圍－總則。

4. 締約國政府之責任評估及計畫之保密工作、指定當局、認可保全機構、規定保全等級、聯絡點及有關「港埠設施保全計畫(PFSP)」之訊息、身分證件、固定及浮動平臺以及移動式離岸鑽探平臺、對船舶之威脅及其他海上保全事件、替代保全協定、港埠設施之等效安排、配額水準、管制及符合措施、對在港船舶之管制、擬進入另一締約國政府港口之船舶、附加規定、非締約方船舶及小於公約尺寸之船舶。

5. 保全聲明。

6. 公司之責任。

7. 船舶保全。

8. 船舶保全評估－保全評估、現場保全檢驗。

9. 船舶保全計畫－總則、船舶保全職務之組織及履行、進入船舶、船上之限制區域、貨物裝卸、船舶物料交付、非隨身行李之裝卸、監視船舶保全、船舶及港埠設施保全國際章程 B 部分未涉及活動－保全等級不同、保全聲明、稽核及審查。

10. 紀錄。

11. 公司保全員。

12. 船舶保全員。

13. 船舶保全訓練、操演及演習。

14. 港埠設施保全。

15. 港埠設施保全評估。

16. 港埠設施保全計畫。

17. 港埠設施保全員。

18. 港埠設施保全、訓練、及演習操演。

19. 船舶驗證及發證。

　　綜合上述，公司及其營運船舶為符合「船舶及港埠設施保全國際章程」之規定，應在 2004 年 7 月 1 日前，先通過初次評鑑，使每艘船均獲得「船舶保全國際證書(International Ship Security Certification；ISSC)」，以證明所屬船舶在其公司保全管理體系下，確已執行「1974 年海上人命安全國際公約」附錄第 XI-2 章暨「船舶及港埠設施保全國際章程」有關船舶保全所必需之運作。

02 Chapter
船舶保全計畫

船舶保全計畫(Ship Security Plan; SSP)是為確保計畫中有關船舶安全的措施在船上適用而制定的計畫，這是為保護人員、貨物、貨物運輸單位、船舶物料或船舶等免受任何保全威脅風險而制定的。

該計畫規定了對船隻及其貨物的任何預期威脅及所需負的責任，ISPS Code規定，船舶必須制定此類計畫。船舶保全計畫必須針對船舶相關活動、船上出入口控制、限制區域監控、貨物裝卸、船舶物料以及隨身行李之檢查，制定每個保全等級的保護措施。

2-1 船舶保全計畫概述

船舶保全計畫之執行，應考慮港口設施的保全等級，以防止對船舶造成任何威脅，並防止船上任何未經授權的活動發生，船舶保全計畫必須制定措施，防止任何意外事件進入船舶，根據計畫書中之要求，船上必須指定一名船舶保全官(SSO)來執行船舶保全計畫，該計畫必須在對船舶進行徹底的安全評估後制定，同時須考慮到 ISPS Code 中規定的指導。

一、船舶保全計畫之定義

1. 船舶保全計畫的目的是防止對船舶、船員和額外乘員進行非法行為。

2. 船舶保全計畫書是由公司保全官編撰，內容或許因為船舶種類或航線而異。

3. 船員、旅客、船舶、貨物之安全及保全由船長負責，保全計畫政策及程序之動向由公司保全官負責，除非船長本人是船舶保全官，否則船舶保全官負責船舶保全計畫之執行維持與監控，並向船長報告。

4. 船舶保全計畫係指為確保在船上採取旨在保護船上人員、貨物、貨物單元、船舶物料或船舶免受保全事件威脅之措施而制定之計畫。

5. 船舶保全計畫應規定各保全等級所需之程序和設備，以及確保監視設備能夠持續運行之方式，包括對氣候條件或電力故障可能影響之考慮。

二、船舶保全計畫之範圍

1. 船舶保全計畫包括政策及程序，用來提升船舶保全。這份保全計畫符合了 SOLAS 等 XI-2 章的修正草案及國際船舶及港口設施保全章 A 篇及 B 篇之規定（提升保全之措施）。這份船舶保全計畫亦已考量本輪的船舶保全評鑑之結果。

2. 除非 CSO（公司保全官）同意，船舶保全計畫不是締約國政府授權官員實施檢查的一般項目。但如有理由發現違反規章且證實船舶有未遵守船舶保全之規定時，締約國政府官員有權要求檢查，並在必要時採取適當之糾正行動。

3. 制定船舶保全計畫，首先應實施船舶保全評估，包括現有的船舶保全措施、程序及操作。然後完成脆弱點評估，找出潛在缺失或保全之弱點，此部分應列為機密，須分開保存及上鎖於文件櫃內。

三、船舶保全計畫之目的

　　船舶與港口設施都有責任採取必要的保全措施來應付潛在的威脅，船舶的經營者、船員、港口管理機關及港口設施經營者，必須作威脅的評估、保全的檢驗、易受攻擊的弱點評估，然後建構保全計畫來減輕危險。對於船舶及港口設施負有保全責任的人員亦應給予訓練和進行演習，以確定所有人員皆熟悉保全計畫及程序。

　　這些保全要求必須得到主管機關的檢驗認可。船舶必須持有國際船舶保全證書(ISSC)，此證書類似安全管理證書，用以表示該船舶具有認可的船舶保全計畫，並且其船員了解他們的保全職責。港口檢查單位(PSC)將會要求檢查這份證書及保全計畫。

四、船舶保全計畫之履行

　　船舶保安評估(Ship security assessment; SSA)是制訂和修正船舶保全計畫書的前置作業。SSA 應經現場保全檢視，包括以下內容：

1. 評定船舶現有保全措施、程序和操作。

2. 評估並確定需要保護的船上關鍵性設備。

3. 評估船上關鍵性設備可能受到的威脅及發生的可能性，以確定並按優先順序排定保全措施。

4. 評估基礎設施、管控方針和程序中的弱點，包括人為因素。

5. SSA 可由公司保全官或船舶保全官，加以評估認可並需分別建檔保存在公司及船上。須了解保全評估可顯示各項保全弱點，故是一份敏感性極高的文件，必須特別的保護不使資料外洩。

　　ISPS Code Part-A 部分 9.4 節第 2、4、5、7、15、17 和 18 小節的內容，被認為是保密內容，不應接受檢查，也不應在未收到船舶接受檢查的締約國政府的預先要求（指港口國 PSC）和在船旗國政府的授權前予以出示。此二項行為都必須採用書面形式。

2-2　船舶保全計畫內容

　　船舶保全計畫的內容根據美國海岸防衛隊船舶檢查航行通告(USCG NVIC 10-02)的建議，保全計畫內容應敘明各種保全的硬體設備與各類的保全措施，以應付各種不同狀況的保全事件，最好的措施是使保全事件在發生前阻止其發生，正在發生的可以化解於無形，若是已經發生的使風險及傷害減至最低，人員安全至上為原則。保全計畫的主要內容須包括：

1. 針對武器、危險物質、可能用於危害船舶安全的設備的預防措施。

2. 限制區域的具體識別方式和防止進入任何此類指定區域的預防措施。

3. 考慮到船舶的關鍵操作，當船舶面臨保全威脅或違規時應採取的行動。

4. 遵守締約國政府關於安全級別的指示。

5. 在無法應對的情況下可能必須執行的疏散程序。

6. 有安全上問題時，船上負責人員之具體職責。

7. 評估安全相關活動的程序。

8. 與船舶保全計畫相關的培訓和演習程序。

9. 與港口設施聯絡的程序。

10. 報告安全相關事件的程序。

11. 船舶保全員(SSO)與公司保全員(CSO)的指定和識別以及職責和聯繫方式。

12. 維護、測試和校準與本規範有關的設備的程序，應包括要進行的測試時間及詳細的訊息內容。

13. 提供船舶保全警示系統(Ship Security Alert System; SSAS)的位置以及使用 SSAS 的操作指南。使用說明還應包括 SSAS 測試的詳細信息以及有關錯誤警報的信息。

　　除非在規範中特別指定的情況下，否則船舶保全計畫不受相關檢查。除非港口國當局有適當的理由或證據證明該船未遵守(ISPS Code)，否則不得進行檢查。

　　這只能在獲得船長同意的情況下進行。船長始終擁有船舶指揮及所有權力，尤其是當船舶的安全和保全受到質疑時，如果根據船長的專業判斷（和經驗），船舶操作與 SSP 存在衝突，他可以採取臨時措施維護船舶保全，直到衝突解決。在可行的情況下，任何此類臨時措施都必須與當前的安全等級相對應。

一、依據 ISPS 章程 A 部分要求

　　船舶保全計畫應至少包括規則 A 部分之內容：

（一） 規則 A/6 公司之義務(Obligations of the Company)

1. 公司應確保「船舶保全計畫」中包含強調船長權力的明確陳述，公司應在計畫中明確，船長在就船舶安全和保全作出決定方面，以及在必要時請求公司或任何締約國提供協助方面具有最高的許可權和責任。

2. 公司應確保公司保全官、船長和船舶保全官按照 SOLAS 第 XI-2 章和責任提供必要的支援。

（二） 規則 A/7 船舶保全(Ship Security)

1. 在保全等級一時，通過適當的措施並考慮規則 B 部分提供的指導，在船上開展以下活動，以便針對保全事件確定並採取防範措施：

(1) 確保履行船舶的所有保全職責。

(2) 對登船之通道予以監控。

(3) 監控限制區域，確保只有經過授權的人員及其物品才能上船。

(4) 監視甲板區域和船舶周圍區域。

(5) 監督貨物和船舶物料裝卸。

(6) 確保隨時可進行保全通信。

2. 在保全等級二時，對上述所列的每項活動、細節及實施，規定了附加防範性措施。

3. 在保全等級三時，對上述所列的每項活動、細節及實施，規定了進一步的特定防範性措施。

（三）規則 A/9 船舶保全計畫(Ship Security Plan)

1. 船舶保全計畫應就 ISPS Code 所定義三個保全等級作出規定。

2. 船舶保全計畫應至少應涵蓋以下內容：

(1) 防止企圖用於攻擊人員、船舶或港口之武器、危險物質或裝置，攜帶上船之措施。

(2) 對限制區域的確認以及防止擅自進入限制區域的措施。

(3) 防止擅自登船之措施。

(4) 對保全狀況受到的威脅或破壞作出回應的程序，包括維持船舶或船／港介面的關鍵操作之規定。

(5) 對締約國政府在處於保全等級三時，可能發出的任何指令作出回應的程序。

(6) 在保全狀況受到威脅或破壞的情況下之撤離人員的程序。

(7) 船上負有保全責任人員之職責，及船上其他人員在保全方面的職責。

(8) 保全活動之稽核程序。

(9) 與該計畫有關的培訓和演練程序。

(10) 與港口設施保全活動相互配合的程序。

(11) 定期審查和更新該計畫的程序。

(12) 報告保全事件的程序。

(13) 確認船舶保全官。

(14) 確認公司保全官，包括 24 小時詳細聯繫方式。

(15) 確保檢查測試、校準和保養船上任何保全設備的程序。

(16) 船上任何保全設備的測試及校準次數。

(17) 確認船舶保全警報系統啟動點所在位置。

(18) 船舶保全警報系統的使用，包括試驗、啟動、關閉和復位，以及限制誤發警報的程序之說明和指導。

二、根據 ISPS 章程 B 部分的適用要求

船舶保全計畫章程 B 提出了具體的建議，應充分考慮以下這些建議要求如下：

（一） 規則 B/9 船舶保全計畫(Ship Security Plan)

1.　所有的「船舶保全計畫」應：

(1) 詳細列出船舶的保全組織結構。

(2) 詳細列出船舶和公司、港口設施、其他船舶和有關保全當局之關係。

(3) 詳細列出船舶內部和船舶之間以及船舶與港口設施之間有效的持續聯繫之通信系統。

(4) 詳細列出在保全等級一之基本的保全措施，包括操作性措施及物理措施。

(5) 詳細列出能使船舶從保全等級一迅速提升至保全等級二，以及必要時至保全等級三時之附加保全措施。

(6) 提供對「船舶保全計畫」的定期審查或稽核，以及根據經驗或環境變化提供「船舶保全計畫」的修正案。

(7) 向有關締約國政府聯絡點進行報告之程序。

2.　公司保全和船舶保全官必須制訂程序：

(1) 評估「船舶保全計畫」的持續有效性。

(2) 在計畫批准之後制訂計畫的後續修訂案。

3. 船舶保全計畫還應必須確認以下與保全等級有關的事項：
   (1) 負有保全任務的船上人員的職責和義務。
   (2) 保持持續通信的程序或保障措施。
   (3) 評估保全程序、警戒、監控設備和系統，包括確認設備或系統失效或故障，做出反應有效的程序。
   (4) 保護書面或電子版本保全敏感資訊之程序和做法。
   (5) 保全和監控設備和系統的類型及維護要求。
   (6) 確保違反保全規定報告的及時提交和評估。
   (7) 建立、保持和更新船上載運危險貨物及其位置清單之程序。

4. 在各保全等級中所採取的保全措施，於制訂船舶保全計畫時，應充分考慮：
   (1) 船上人員、乘客、來訪人員等進入船內。
   (2) 船上之限制區域。
   (3) 貨物裝卸。
   (4) 船上物料交付。
   (5) 處置無人照管的行李。
   (6) 監視船舶保全。

A. 進入船舶

5. 船舶保全計畫中應評估下列進入船舶通道之設施所制訂之相對應的保全措施：
   (1) 舷梯、通道。
   (2) 登船舷門。
   (3) 跳板。
   (4) 進口門、舷窗及舷門。
   (5) 繫泊纜繩和錨鏈。
   (6) 起重機和升降裝置。

6. 船舶保全計畫中應指明對各保全等級應採取之限制或禁止措施之適當位置，不同的保全等級應有不同的限制或禁止措施。

7. 對各保全等級，船舶保全計畫應建立進入船舶的識別方式，並使船上滯留人員不成為構成威脅的來源；並應採取具體措施制訂相關的船舶識別方式，並向船上人員和訪客分別簽發永久或臨時通行證。該識別系統應與適用港口設施的識別系統相互協調，乘客應出示登船證件、船票等證明，但是除非在受監視情況之下，乘客還是不得進入限制區域。船舶保全計畫必須建立規定以確保系統及時更新，並對不守程序者予以紀律處分。

8. 不願或不能證明其身分及或確認其登船目的人員應拒絕登船，並應向船舶保全官(SSO)、公司保全官(CSO)和港埠設施保全官(PFSO)以及國家和地方有關保全當局報告該類事件。

9. 船舶保全計畫應規定實施採取進入船舶之程序，特別是當臨時或隨意運用時。

進入船舶之保全等級一時

10. 保全等級一，船舶保全計畫應制訂控制進入船舶的保全措施，可適用以下：

   (1) 檢查所有登船人員的身分證明並通過檢查，如何對登船指令船票、登船通行證、工作許可等，並確認其登船的原因。

   (2) 與港口設施聯繫後，應確保指定的保全區域可以對人員、包裹（包括手提袋）、人員行李、車輛和其所在物進行檢查。

   (3) 與港口設施聯繫後，船舶必須確保車輛裝入車輛甲板、滾裝船和其他客船之前，根據船舶保全計畫規定的頻率進行檢查。

   (4) 把已經檢查的人員及行李與未經檢查的人員及行李隔離。

   (5) 把上船與下船的人員隔離。

   (6) 確認需要保全或監管的通道，以防止人員擅自進入。

   (7) 使用鎖或其他方式關閉通往緊鄰乘客和來訪者區域的無人區域、處所。

   (8) 對船上所有人員通報可能的威脅，要求提供報告可疑人員、物體或行動的程序，以及保持警惕之必要性。

11. 保全等級一時，所有準備登船的人員應服從搜查。已批准的船舶保全計畫中應明確規定這類搜查，包括隨機搜查的頻率，並且經主管機關的批准。

搜查最好由港口設施與船舶密切合作並在船舶附近區域進行。除非有明顯保全方面的理由,船員之間不得相互搜查人身和行李。任何這類搜查應充分考慮尊重人權和保護基本的個人尊嚴。

進入船舶之保全等級二時

12. 保全等級二時,船舶保全計畫應制訂預防保全事件風險性升高時適用的保全措施,以確保更高的防範和更嚴密的控制,可包括:

    (1) 安排人員在深夜時進行甲板巡邏以防止人員擅自登船。

    (2) 限制船舶的通道,標明需關閉的通道及其保全措施。

    (3) 通過與港口設施聯繫,對船舶附近水域進行巡邏,以阻止從海側接近的船舶。

    (4) 與港口合作,建立船舶靠近碼頭附近的限制區域。

    (5) 加強船上人員、行李和車輛搜索頻率和細節。

    (6) 陪同船上之來訪者。

    (7) 向船上人員提供額外的保全指示,告知任何威脅、報告可疑人員、物品或行動的程序,並提高警惕之必要性。

    (8) 對船舶進行全面或部分搜查。

進入船舶之保全等級三時

13. 保全等級三時,船舶應服從對保全事件或威脅的機構人員之指令。船舶保全計畫應詳細制訂與這些人員和港口設施密切合作時,船舶應採取的保全措施,可包括:

    (1) 限制進入船舶,只開放一個受控之登船點。

    (2) 只向負責對保全事件或威脅的人員開放通道。

    (3) 船上人員的指示。

    (4) 停止上下船。

    (5) 停止裝卸貨物,交付物料等。

    (6) 撤離船舶。

    (7) 船舶的移泊。

    (8) 對船舶進行全面或部分的檢查。

B. 船上限制區域

14. 船舶保全計畫應規定船上限制區域、限制區域範圍、時間，以及控制通往限制區域通道的保全措施、限制區域內部活動等，規定限制區域的目的是為了：

    (1) 阻止擅自進入。

    (2) 保護乘客、船員、港口設施內人員及其他授權上船的人員。

    (3) 保護船上敏感保全區域。

    (4) 保護貨物和船上物料免遭破壞。

15. 船舶保全計畫應確保所有限制區域有明確的控制方法和實際措施。

16. 船舶保全計畫應規定所有限制區域必須清楚標示，指示進入相關通道是受限的，擅自進入是違反保全規定。

17. 受限制區域可包括：

    (1) 駕駛臺、第 II-2 章中規定的 A 類機器處所和其他控制站。

    (2) 安裝了保全監控設備和系統及其控制照明系統的處所。

    (3) 通風及空調系統和其他類似處所。

    (4) 通往淡水艙、泵及總管之處所。

    (5) 裝有危險貨物或有害物質之處所。

    (6) 裝有貨物泵及其控制的處所。

    (7) 貨物處所和船舶物料之處所。

    (8) 船員艙室。

    (9) 其他由公司保全認為必要的區域，與透過船舶保全評估確定限制區域以確保船舶之安全。

船上限制區域之保全等級一時

18. 保全等級一時，船舶保全計畫應制訂適用於限制區域內的保全措施，其中包括：

    (1) 鎖住或關緊通道口。

    (2) 在該區域內使用監控設備。

(3) 安排警衛或進行巡邏。

(4) 使用自動探測侵入設備，以便向船上人員發出未經准許進入的警報。

船上限制區域保全等級二時

19. 保全等級二時應加強監控的頻率和密度，對進入限制區域通道的監控，確保只有經過批准的人員才能進入。船舶保全計畫還應制訂適用的附加保全措施，包括：

(1) 建立通道口附近的限制區域。

(2) 連續監控、監視設備。

(3) 增加人員在限制區域進行站崗和巡邏。

船上限制區域保全等級三時

20. 保全等級三時，船舶應遵守服從對保全事件或威脅的人員發出的指令。船舶保全計畫應詳細制訂與這些人員和港口設施密切合作時船舶應採取的保全措施，可包括：

(1) 規定船上保全事件區域附近或可能威脅安全處新增之限制區域、封鎖通道。

(2) 對限制區域進行搜索。

C. 貨物裝卸

21. 涉及貨物裝卸的保全措施應：

(1) 防止對貨物的破壞。

(2) 防止非船舶預定裝載的貨物被裝載、儲存上船。

22. 保全措施（有些可能必須與港口設施方面聯繫後才能實施）必須包括在通道入口處對清單進行控制的程序。裝船後，還應有辦法鑑定貨物是否是批准裝船的貨物。此外應制訂保全措施確保貨物裝船後不受破壞。

貨物裝卸保全等級一時

23. 保全等級一時，船舶保全計畫應規定貨物裝載時的保全措施，其中包括：

(1) 裝卸之前和裝卸期間對貨物、貨物運輸工具和貨物存放區域的常規檢查。

(2) 檢查確認裝船貨物與單據所載貨品名稱相符。

(3) 與港口設施聯繫確保對所有車輛運輸船、滾裝船和客船上之車輛在裝載之前已根據船舶保全計畫規定的頻率要求進行了檢查。

(4) 檢查封條或其他防止破壞的方法。

24. 可以透過以下方法對貨物進行檢查：

(1) 目視和實地檢查。

(2) 使用掃描／探測設備、機械設備或警犬。

25. 如有定期或重複流動之貨物，公司保全官或船舶保全官可與港口設施協商與承運人或其他貨主在異地檢查、封箱和簽署有關單據等。該安排須通知並經有關港埠設施保全官同意。

貨物裝卸保全等級二時

26. 保全等級二時，船舶保全計畫應制訂貨物裝卸時適用的附加保全措施，其中包括：

(1) 詳細檢查貨物、貨物運輸工具和貨物區域。

(2) 加強檢查確保貨物正確裝載。

(3) 準備裝運車輛運輸船、滾裝船和客船的車輛實施嚴格搜查。

(4) 加強檢查封條或其他預防破壞的方法。

27. 可以通過下列方法進一步對貨物進行檢查：

(1) 加強目視和實地檢查的頻率和細節。

(2) 加強使用掃描／探測設備、機械設備或警犬的頻率。

(3) 除已有的程序外，與承運人或他方一起加強保全措施。

貨物裝卸保全等級三時

28. 保全等級三時，船舶應遵守負責服從對保全事件或威脅的人員發出的指令。船舶保全計畫應詳細制訂與這些人員和港口設施密切合作時船舶應採取的保全措施，可包括：

(1) 停止貨物裝卸。

(2) 驗證船上危險貨物和財產清單及存放地點。

D. 交付船舶物料

29. 有關船舶物料交付時的保全措施應：

    (1) 確保船舶物料和包裝的完整。

    (2) 防止對未經檢查的船舶物料驗收。

    (3) 防止破壞。

    (4) 防止接受未經預訂裝載貨物之驗收。

30. 對經常使用港口設施的船舶，可以建立包括船舶、供應商和港口設施在內的通知、交遞單據時間的程序。應有可以確認的機制以確保裝船的貨物之證明文件。

保全等級一時

31. 保全等級一時，船舶保全計畫應規定交付船舶物料時的保全措施，包括：

    (1) 裝船之前確認物料與清單相符。

    (2) 確保船舶物料的儲存採取保全措施。

保全等級二時

32. 保全等級二時，船舶保全計畫應制訂交付船舶物料時適用的附加保全措施，包括接受物料之前的核對和加強檢查。

保全等級三時

33. 保全等級三時，船舶應遵守負責對保全事件或威脅的人員發出的指令。船舶保全計畫應詳細制訂與這些人員和港口設施密切合作時船舶應採取的保全措施，包括：

    (1) 加強檢查船舶物料。

    (2) 限制或停止物料裝船。

    (3) 拒絕物料裝船。

E. 處置無人照管的行李

34. 船舶保全計畫應制訂相關保全措施以保證無人照管行李（即任何包裹包括在檢查口和乘客或船上工作人員分開的個人行李）在裝上船之前應經過識別、掃描檢查以及搜查。不期望對行李分別進行船上和港口檢查，如都有

檢查設備,最終應由港口設施方負責檢查。與港口方面密切合作至關重要,應採取措施對無人照管之行李應經掃描檢查以確保安全。

保全等級一時

35. 保全等級一時,船舶保全計畫應規定處置無人照管行李時適用的保全措施,以確保所有無人照管行李至少經過掃描檢查,包括 X 光的檢查。

保全等級二時

36. 保全等級二時,船舶保全計畫應規定處置無人照管行李時適用的附加保全措施,包括對所有無人照管的行李進行 100%的 X 光的檢查。

保全等級三時

37. 保全等級三時,船舶應遵守負責對保全事件或威脅的人員發出的指令。船舶保全計畫應詳細制訂與這些人員和港口設施密切合作時船舶應採取的保全措施,包括:

(1) 非隨身行李至少從 2 個不同的角度使用 X 光做進一步檢查。

(2) 限制或停止對無人照管行李之裝卸。

(3) 拒絕接受無人照管行李上船。

F. 監控船舶保全

38. 船舶應具備監視船舶、船上限制區域以及船舶周圍區域,包括使用:

(1) 照明。

(2) 值班人員、保全人員和甲板值班包括巡邏。

(3) 自動侵入探測設備和監視設備。

39. 自動侵入探測設備使用時,應能在有人或監控區域啟動聽覺和/或視覺警報。

40. 船舶保全計畫應規定各保全等級時要求的程序和設備,以及確保監控設備持續有效的運行,包括天氣原因造成的電力故障的處理方法。

保全等級一時

41. 保全等級一時,船舶保全計畫應規定包括照明、值班人員、保全人員或使用保全和監控設備在內的保全措施,使監控人員能觀察到船舶的總體面貌,特別是柵欄和限制區域。

42. 黑夜或視野受限時進行船舶／港口設施介面活動、靠泊或拋錨作業時，應確保船舶甲板和通道口的照明。考慮到國際海上避碰規則的規定，船舶航行時應使用安全航行的最大照明，在建立有關等級和照明位置時應考慮下列因素：

(1) 船上人員應能關觀察到船舶兩側的情況。

(2) 涵蓋區域應包括船上和附近區域。

(3) 涵蓋區域應便於在通道處對人員的檢查。

(4) 涵蓋區域還可透過與港口設施協商決定。

保全等級二時

43. 保全等級二時，船舶保全計畫應制訂加強監控和監視能力的附加保全措施，包括：

(1) 加強保全時巡邏的頻率和範圍。

(2) 加強照明的涵蓋範圍和密度或加強使用保全、監控及設備。

(3) 增加保全值班人員。

(4) 確保與水上巡邏艇、岸上人員和車輛巡邏的協助合作。

44. 應加強照明以防範嚴重威脅安全事件的風險。如有必要可使用港口設施的照明。

保全等級三時

45. 保全等級三時，船舶應遵守負責對保全事件或威脅的人員發出的指令。船舶保全計畫應詳細制訂與這些人員和港口設施密切合作時，船舶應採取的保全措施，包括：

(1) 打開船上或附近的照明。

(2) 打開監控設備，監視船上和附近的活動。

(3) 最大限度地延長使用這些設備之連續使用時間。

(4) 準備船體水下檢查。

(5) 採取包括船舶螺旋槳低速旋轉在內的措施防止從水下侵入船體。

46. 船舶保全計畫應規定當船舶保全等級高於港口設施時的詳細程序和保全措施。

47. 船舶保全計畫應建立適用船舶的程序和保全措施：
    (1) 船舶在非締約國的港口時。
    (2) 船舶與非本章程適用的船舶交互活動時。
    (3) 船舶與固定平臺或移動鑽井平臺交互活動時。
    (4) 船舶與不需要符合 SOLAS 第 XI-2 章和本章程 A 部分的港口或設施交互活動時。

48. 船舶保全計畫應詳細規定如何對港口設施所提出之一份保全聲明的要求，以及船舶本身完成一份保全聲明的要求。

49. 船舶保全計畫應規定公司保全官和船舶保全官審核船舶保全計畫持續有效性的方法以及審查、更新、或修正計畫的程序。

2-3 美國海岸防衛隊航行檢查通告

隸屬在美國海岸防衛隊轄下之國家應變中心(National Response Center; NRC)，負責報告有關油類及品化學類、輻射汙染及生化物質在美國領域內之排放所造成之汙染事件，並同時處理可疑恐怖行為及海事保全相關活動。美國海岸防衛隊的航行及船舶檢查通報(Navigation and Vessel Inspection Circulars; NVIC)10-02 的目的在建立船舶履行船舶保全評估(Ship Security Assessment; SSA)，並制訂船舶保全計畫(Ship Security Plan; SSP)、與港口設施介面及執行保全措施與程序，以降低乘客、船員、船舶及貨物之風險。主要通告如下：

一、航行及船舶檢查通報(NVIC 10-02)要點

1. 保全意識：船員應不斷了解自己所處環境狀況，他們是以防止船隻遭威脅與迫害並以維護安全為首要目的。
2. 防止措施：旨在防止未經授權並進入船舶管制區之措施，並防止有害物質、武器、炸藥等違禁物品進入船舶。
3. 威脅之反應：船員經由平時之訓練必須在遇狀況及威脅時，在能力範圍所及做出反應。

二、高風險的貨物(High Consequence Cargo)

1. 危險區分等級 1.1 或 1.2 之爆炸性物質,淨重在 5,000 公斤以上。

2. 危險區分等級 2.3 之吸入性有毒氣體物質,其淨重在 10,000 公斤以上。

3. 危險區分等級 6.1 之吸入性有毒液體物質,其淨重在 30,000 公斤以上。

4. 第七類之放射性物質,其數量管制之分裂性物質。

5. 危險區分等級 1.5 相容性 D 群且需要許可之爆炸性物質,其數量超過 40,000 公斤。

6. 散裝液貨需要以 TYPE l 船舶或貨物容器系統裝載者。

7. 散裝液化氣體貨,其有可燃性及或毒性者。

三、NVIC 10-02 海運保全(MARSEC)等級分類

1. 海運保全等級 1 相當於美國國土保安部(Homeland Security Advisory System; HSAS)風險等級低(綠色),警戒(藍色),提升(黃色)。

2. 海運保全等級 2 相當於美國國土保安部(Homeland Security Advisory System; HSAS)風險等級高(橘色)。

3. 海運保全等級 3 相當於美國國土保安部(Homeland Security Advisory System; HSAS)風險等級嚴重(紅色)。

四、保全聲明(Declaration of Security; DoS)

保全聲明是由船舶/港口設施雙方共同簽署之協議,規定了雙方所應負之保全責任,以及雙方各自在規定的保全等級應採取的保全措施。簽署時機如下:

1. 船舶裝載高風險的貨物,不管任何海運保全等級,皆應在進行每一次港口裝卸作業時完成簽訂保全聲明。

2. 船舶經常停靠相同之港口時,如船舶與港口設施當局簽有書面同意書,清楚明述各船與港口之責任時,可不需要每次簽訂保全聲明。此項同意書應包含於船舶保全計畫及港口設施保全計畫。

五、船舶保全計畫(Ship Security Plan; SSP)

1. 船舶保全計畫應述明船舶保全評估所確定威脅之反應措施,包括三種保全等級之反應措施。

2. 當船舶處於擴大保養期間（例如塢修）或停止營運時,由於對乘客、船員、貨物、港口人員、港口基礎設施或環境之風險較低,故可考慮減少本通報所建議之保全措施。船舶保全計畫中應述明將船舶安排保養期間以及恢復營運兩者之措施及過程。

六、通告建議事項

（一）限制區域之保全措施

1. 採取上鎖或封條方式防範入侵。

2. 站崗或巡邏方式,依等級不同增減巡邏次數。

3. 安裝 CCTV 監控。

4. 安裝感應器附燈光警示與聲響警報。

（二）進入船舶點之管制建議措施

1. 建立檢查、登記、換證、身分辨識等相關措施。

2. 建立保持單一登輪進出口之措施。

3. 有關逃生路線上之門不宜上鎖。

4. 有關物料儲存室與其他非緊急狀況使用儲存室,建議上鎖。

5. 對重要進出口,應採取巡邏方式以防非法進出。

（三）甲板與船舶四周之管制措施

1. 利用 CCTV 監控。

2. 不定時巡邏。

3. 加強甲板照明,必要時以探照燈不定時照射水面。

4. 在保全等級 3 時,建議簽署「保全聲明」,請港口單位執行海上巡邏。

（四） 登輪人員與隨身行李之管制措施

1. 對登輪人員必需查明其登輪理由，且須出示相關身分證明文件與登輪許可證件。

2. 隨身行李、手提物品、個人用品（如工具箱）等，以防止攜帶非法物品登輪。

3. 在風險較高的港口水域，應向旅客說明注意事項及必要措施，以讓旅客在發生保全事件時，能保持冷靜。

4. 客輪上應嚴格區分「旅客活動區」及「船員活動區」。

5. 檢查方式視保全等級不同而採取不同手段，如目視、搜身、自我檢查、X光透視、金屬探測或動物嗅覺等。

（五） 貨物、船用物料與油料補充之管制措施

1. 查明散裝之貨物與船貨清單(Manifest)相同。

2. 查明裝載之重櫃或空櫃編號與船貨清單相同。

3. 船用物料先對送船物料清單與公司核准之物料單與數量是否相符，務必逐項清點，方能送船進入倉庫儲存。

4. 檢查方式採目視、X光透視、金屬探測與動物嗅覺等。

（六） 船舶／港口不同保全等級時之聯繫措施

1. 保持定時聯繫，以通告目前之保全現況。

2. 若發生突發事件時，船／岸間最有效聯繫方式與聯繫人員之指定，並註明在保全聲明內。

3. 必需具備用之聯繫裝置。

　　美國海岸防衛隊港口安全諮詢(Port Security Advisor 03-11)針對船舶前往美國評估未維持有效反恐措施之國家港口所應採取之必要措施，並適用於2011/06/10 及以後抵達美國之船舶。由於美國海岸防衛隊發現科摩羅聯盟(Union of the Comoros)以及象牙海岸共和國(Republic of Cote d'Ivoire)未維持有效之反恐措施，而決定將其加入黑名單。

　　船舶最近所停靠之五個港口，若含有美國港口安全諮詢通報第 B 節所列國家（例外港口除外）者，船舶抵達美國後，美國海岸防衛隊將於海上登輪或檢查，以確認前述通報之第 Cl~C5 節之保全措施船上已予採取。若船舶於黑名單國家港口未適當實施所要求之措施時，將導致延遲或拒絕進入美國水域之處分。

　　第 Cl~C5 節之保全措施乃為針對船舶駛往美國之前五港，若為黑名單所列國家／港口，所要求船上必須採取之行動，以作為進入美國之條件，但此附加要求條件，對於在黑名單國家註冊之船舶則無關連與影響。

　　所有船靠泊黑名單國家港口時，必須：

1. 依 SSP 採取等同保全等級 2 之保全措施。

2. 採取美國 USCG03-l 1 通報中第 C 節部分所列之要求行動，包含簽發保全聲明。

3. 船舶泊靠 USCG03-11 通報所列之黑名單港口時，不需要提升保全等級至 2，除非該港處於等級 2 之狀態或船舶主管機關通知提升至保全等級 2。

4. 美國海岸防衛隊瞭解在港口處於保全等級 1 時，船舶執行相當保全等級 2 之保全措施而欲簽發 DOS 所遭遇之可能負面效應與潛在問題，故簽發 DOS 時，海岸防衛隊接受 DOS 上註明保全等級 1，但於船舶紀錄中註明採取相當於保全等級 2 之保全措施。

　　船舶自進入美國水域之前五港，前往黑名單國家（例外港口除外）所應採取之措施，以作為進入美國水域之要求條件(Actions required by vessels visiting countries affected)。

1. 依船舶保全計畫採取相當於保全等級 2 之保全措施。

2. 確保船舶所有入口皆已部署防護人員，防護人員須具有對船舶外部（岸側及海側）之全部範圍進行監控。防護人員可為：

   (1) 船員：需注意最低休息時數或最高工作時數，必要時得加派船員。

   (2) 外部保全人員：須由船長及公司保全官所核准。

3. 實施保全聲明。

4. 於航海日誌記錄所有採取之保全行動。

5. 抵達美國前，需向美國海岸防衛隊之在港駐埠船長(Captain of the Port; COTP)報告所採取之措施。

七、 船舶於美國港口所需採取之措施 (Actions required by vessels in US ports)

在過去 5 港曾經前往泊靠黑名單國家港口之船舶，基於美國海岸防衛隊之登輪或檢查結果，在美國港口中可能被要求採取下列措施：

1. 確認船舶之每個入口部署武裝保全警衛保護，警衛須具有對船舶外部（岸側及海側）之全部範圍實施監控。

2. 警衛之數量及位置，必須能讓駐埠船長所接受。

3. 對於可展示良好之保全符合依據通報第 Cl~C4 節採取措施並有紀錄者，正常情況下將免除武裝保全警衛之要求。

美國海岸防衛隊之航行及船舶檢查通報是常態性的，船公司之公司保全官應隨時上網查詢，若有新通報必須即刻通知船上，使其了解最新檢查規定、世界各地之保全現況及保全事件之發生與處理經過。

船公司／船舶租方應告知下一港口之保全現況與航線上可能出現之保全風險，船舶間在海上應互通訊息，相互告知航路中與港口停泊期間，所發生有關保全事件作為參考。

總而言之，保全訊息之通報對船上人員是非重要之訊息，一旦有了最新資訊在岸上保全人員分析研判後，應立即地採取適當之保全計畫，並告知船上全體同仁應如何執行保全措施，以確保本身生命安全、船貨安全。

∷ 2-4 船舶保全聲明應用

保全聲明是由船舶及港口設施雙方從事活動共同所簽署之協議，其中規定了雙方所應負之保全責任，以及雙方各自在規定的保全等級應採取的保全措施，若港口設施或船舶認為有必要，就應該簽署「保全聲明」。

一、保全聲明之相關規定

1. 締約國政府應經評估船舶對港口設施或船舶對船舶間活動對人員、財產或環境造成之風險，以確認何時要求「保全聲明」。

2. 船舶在以下情況可要求填寫「保全聲明」：

    (1) 該船營運所處之保全等級高於港口設施或另一船舶之保全等級。

    (2) 在締約國政府之間有涉及某些國際航線，或這些航線上之特定船舶關於「保全聲明」之協定。

    (3) 曾經有過涉及該船及該港口設施之保全威脅或保全事件。

    (4) 該船在於一個不要求具有實施經認可之「港口設施保全計畫」之港口。

    (5) 該船與另一艘船不要求具有實施經認可之「船舶保全計畫」之船對船活動。

3. 保全聲明應由以下各方來填寫：

    (1) 船長或船舶保全官，代表船舶以及在適當時機時。

    (2) 港口設施保全官，如果締約國政府另行決定，由負責岸上保全之任何其他機構代表港口設施。

4. 保全聲明應處理港口設施和船舶之間或船與船之間可同意之保全要求，並應說明各自之責任。

    「港口設施保全計畫」應詳細規定如果港口設施之保全等級低於船舶之保全等級，港口設施可採取之程序和保全措施（包含「保全聲明」的簽署）。

    「港口設施保全計畫」應詳細規定港口設施在以下情況經應用之程序和保全措施：

    (1) 與曾靠泊過非締約國政府港口之船舶發生相關活動。

    (2) 與 ISPS 章程不適用之船舶發生港口相關活動。

    (3) 與固定或浮動平臺或移動式海上鑽井裝置發生有關活動。

    「港口設施保全計畫」應規定在接到締約國政府指示時，港口設施保全官要求「保全聲明」應遵守程序，或在船舶要求「保全聲明」時應遵守之程序。

二、保全聲明簽署項目

1. 保全聲明可由船長、船舶保全官、港口保全官提出簽署。

2. 船對岸間聯繫方法：

   (1) 船岸同意之警鈴信號。

   (2) 保全等級通知管道暢通。

   (3) 船岸間保全現況之通報。

3. 規定人員身分及掃瞄檢查職責：

   (1) 旅客、船員、手提物件、隨身行李。

   (2) 船用物料、船貨、車輛。

4. 規定船舶與碼頭邊之檢查職責。

5. 規定船舷與海側之檢查職責。

6. 依據不同保全等級來執行不同保全措施。

7. 建立船岸保全事件處理機制，建立船岸間保全事件處協議。

8. 在船岸雙方均詳細閱讀後，並經相關職責人員簽署，並加註日期、船方 IMO NO.、岸方郵件地址、船名／港口名等，保全聲明格式如表 2-1。

表 2-1 保全聲明

保全聲明
DECLARATION OF SECURITY

船名 Name of Ship：	Ocean
船籍港 Port of Registry：	Panama
IMO 編號 IMO Number：	1234567
港口設施名稱 Name of Port Facility：	Wharves No.101, Port of Kaohsiung

本「保全聲明」之有效期自 2007/06/25 至 2007/06/25，涉及下列活動：

....

This Declaration of Security is valid from. .... until. ....., for the following activities:

（活動清單，包括細節）

(list the activities with relevant details)

所處保全等級 under the following security levels:

船舶保全等級： Security level(s) for the ship:	1
港口設施保全等級： Security level (s) for the port facility:	1

港口設施和船舶同意以下保全措施和責任，以確保符合「國際船舶和港口設施保全章程」A 部分之要求。

The port facility and ship agree to the following security measures and responsibilities to ensure compliance with the requirements of Part A of the International Code for the Security of Ships and of Port Facilities.

船舶保全員或港口設施保全員在本欄之簽名表示該活動將由其所代表之方面根據經認可之相關計畫完成。

The affixing of the initials of the SSO or PFSO under these columns indicates that the activity will be done, in accordance with relevant approved plan, by

活動： Activity:	港口設施： The port facility	船舶： The ship
確保履行所有保全職責 Ensuring the performance of all security duties	C.H. Hsieh	C.K. William
監視限制區域確保只有經認可人員才能進入 Monitoring restricted areas to ensure that only authorized personnel have access	C.H. Hsieh	C.K. William

對進入港口設施之控制 Controlling access to the port facility	C.H. Hsieh	C.K. William
對進入船舶之控制 Controlling access to the ship		C.K. William
監視港口設施，包括靠泊區和船舶周圍水域 Monitoring of the port facility, including berthing areas and areas surrounding the ship	C.H. Hsieh	C.K. William
監視船舶，包括靠泊區域和船舶周圍水域 Monitoring of the ship, including berthing areas and areas surrounding the ship	C.H. Hsieh	C.K. William
貨物裝卸 Handling of cargo	C.H. Hsieh	C.K. William
船舶物料交付 Delivery of ship's stores		C.K. William
非隨身行李裝卸 Handling unaccompanied baggage		C.K. William
控制人員及其物品上船 Controlling the embarkation of persons and their effects		C.K. William
確保船舶和港口之間之通信聯繫隨時可用 Ensuring that security communication is readily available between the ship and port facility	C.H. Hsieh	C.K. William

本協定之簽名人證明在具體活動中港口設施和船舶之保全措施和安排符合第 XI-2 章和本章程 A 部分之規定，並將根據其經認可計畫之規定或所同意之列於附件中之具體安排來實施。

The signatories to this agreement certify that security measures and arrangements for both the port facility and the ship during the specified activities meet the provisions of chapter XI-2 and Part A of Code that will be implemented in accordance with the provisions already stipulated in their approved plan or the specific arrangements agreed to and set out in the attached annex.

簽署日期 .... 地點 ....

Dated at 2007/06/25 on wharf no. 101, Port of Kaohsiung.

代表簽名 Signed for and on behalf of：	
港口設施 the port facility： C.H. Hsieh	船舶 the ship：C.K. William

（港口設施保全員簽名）（船長或船舶保全員簽名）

(Signature of Port Facility Security Officer) (Signature of Master or Ship Security Officer)

簽名人姓名和職務 Name and title of person who signed	
姓名 Name：C.H. Hsieh	姓名 Name：C.K. William
職務 Title :PFSO	職務 Title：Master

聯繫細節 Contact Details： Phone no.03-9965-121	
港口設施方： for the port facility:	船舶方： for the ship:

港口設施船長

Port FacilityMaster：C.K. William

港口設施保全員船舶保全員

Port Facility Security Officer：C.H. HsiehShip Security Officer：

公司

Company

公司保全員

Company Security Officer

三、保全聲明簽署時機

1. 港口設施及船舶均確認有實際需要時。

2. 一些需特別注意之船舶如客輪、油輪、化學液體船、氣體載運船或港船介面活動，如乘客登離船舶、緊急事故、危險貨物或有害物質之轉載或卸載，或經濟上重要之貨物裝卸，確有實際需要時等。

3. 當港口設施保全等級低於靠泊之船舶保全等級時，應簽署保全聲明。

4. 到港船舶曾發生保全事件或威脅，確認有需要時。

5. 到港船舶於港內作業期間因故保全等級提升時。

6. 到港船舶未符合 ISPS-Code 規定時，包括未備有船舶保全計畫或未指定船舶保全官等。

7. 船舶保全等級高於港口設施或到港船舶之保全等級為 3 時。

MEMO

03 Chapter

船舶保全設備

在海上人命安全國際公約第 XI-2 章與國際船舶與港埠設施保全章程規則 Part A 部分，對船舶需要配置那些保全設備並未做明確規範，但在 ISPS Code Part B 部分則分別提到以下設備，例如：船舶自動識別系統(Automatic Identification System; AIS)、船舶保全警示系統(Ship Security Alert System; SSAS)以及自動闖入探測裝置等。除了 AIS 及 SSAS 是屬於強制設備外，其他保全設備則由締約國政府主管機關授權的主管當局而定。所以船舶保全設備可分為強制性與建議性兩種。

3-1 船舶保全警示系統

船舶保全警示系統(Ship Security Alert System; SSAS)是由「國際海事安全組織(IMO)」在規範「全球海上遇險及安全系統(GMDSS)」與「船舶自動識別系統(AIS)」之後，針對航行於公海之船舶所新增加之規範，並在「1974 年海上人命安全國際公約（SOLAS regulation XI-2 章規則 6）」修正案規定為必要設備。

一、船舶保全警示系統相關規定

SOLAS 第 XI-2 章規則 6 要求船舶應依規定配備船舶保全警示系統為 IMO 之海事安全委員會以 MSC136 (76)決議案所採納標準，作為發送船對岸之保全警報裝備，告知船舶受脅迫或已受危害的狀況。根據 SOLAS XI-2 章規定，船舶應按以下規定裝設船舶保全警報系統：

1. 在 2004 年 7 月 1 日或以後建造的船舶須於建造時完成安裝。

2. 客船包括高速客船在 2004 年 7 月 1 日以前建造的，最遲應不得於 2004 年 7 月 1 日以後的第一次無線電設備檢驗時完成。

3. 在 2004 年 7 月 1 日以前建造的 500 總噸位及以上的油船、化學品液貨船、氣體運輸船、散貨船和高速貨船，最遲應不得於 2004 年 7 月 1 日以後的第一次無線電設備檢驗時完成。

4. 在 2004 年 7 月 1 日以前建造的 500 總噸及以上的其他貨船和海上移動式鑽井平臺，最遲不得於 2006 年 7 月 1 日以後的第一次無線電設備檢驗時完成。

二、船舶保全警示系統相關性能標準

1. 警報信文產生時需包含船舶識別和位置等信息。

2. 警報發至主管機關（由政府或行政機關指定）。

3. 在發送警報過程中不能產生聲響或燈光等警告顯示。

4. 其他船舶無法接收此警報。

5. 船上發報之地點最少二個，駕駛臺為強制指定位置。

6. 不得低於 IMO 通過的性能標準。

7. 船舶保全警報系統啟動位置設計應能防止誤發警報。

8. 備用電源；在缺少船舶主電源的狀況下，SSAS 仍然可以正常工作。

9. 測試功能；SSAS 在船上時應具備測試功能。

10. 再關閉或復位前持續發送船舶保全警報。

11. 不削減其通信功能；SSAS 的啟動不應減弱船舶 GMDSS 系統之功能。

12. 替代條款；可利用現有的無線電通信設備（如 GMDSS）替代 SSAS 之功能。

三、船舶保全警示系統之使用

（一）船長和船舶保全員(SSO)均應了解

1. 當啟動船舶保全警報系統發送相關之警報資訊時，船上不會產生任何警報聲響，以至於引起別人的注意或被發覺。

2. 當收到相關警報資訊後，船旗國管轄機構（如海上搜救中心）會立即通知該船東或公司，商討其因應對策並做出相關之營救計畫，此時公司或船東不應私下與船長或附近船舶聯繫，除非已有對該事件做出反應的保全對策。

3. 事件一旦發生後，並需對該事件適當的加以評估，找出最有利之時機登船。

（二） 啟動位置的設置與系統使用、維修保養和測試

1. 船舶保全警報系統由船舶保全員負責日常維護、測試並保存該設備的技術說明書以及操作程序，使用中發現問題應及時通知公司主管部門安排修理。

2. 船舶保全警報系統安裝在駕駛臺的發報位置點有 2 處，一處安裝駕駛臺內（隱匿的地方），另一處在船舶保全員（大副）的房間。所有駕駛員應熟悉駕駛臺的發報點（按鈕）的位置並瞭解使用方法，另船舶保全員房間發報點位置只有船長和船舶保全員知悉。這些位置不能被未授權的外部人員發現。

3. 船舶保全警報系統應須一直處在隨時可放用的狀態，並由船舶保全員按規定及操作手冊進行相關保養、檢查、測試及操作，並填寫「保全設備使用記錄」。

（三） 職責

1. 船舶保全員和船長負責啟動船舶保全警報系統。

2. 船長及船舶保全員應確保其他駕駛員知道駕駛臺警報按鈕的位置，並依船舶保全計畫中之規定，定期對船上駕駛員（船副）實施訓練，並須熟悉及了解警報啟動程序，所以無論在任何情況之下，當被授權啟動該船舶保全警報系統時，均能迅速完成相關設定與操作。

3. 遇有下列情況時應啟動船舶保全警報系統：
   (1) 當船舶受到嚴重的恐怖威脅和（或）緊急、嚴重的保全破壞，也包括船長認為迫切需要救助或其他必要的情況時。
   (2) 當船舶發生保全事件影響到船舶正常指揮時。
   (3) 當發生保全事件船舶失控時，船舶保全員和駕駛員接到船長的命令或船舶保全員的命令時。
   (4) 公司保全員負責任命有能力的人員擔任船舶保全員，負責處理船舶保全相關事宜，公司保全員還有責任防止船舶在操作時出現誤報警事件。

(5) 當接到船舶警報時，公司保全員應代表公司報告相關海事機關，其內容應包括船舶的名稱及位置，以便通知相關的沿岸國家或地區，並持續聯繫到危機解除為止。

（四）程序

1. 船舶保全警報系統的使用說明應包括：測試、啟動、解除及恢復，並限制誤報警事件等程序。該設施的操作手冊應作為機密文件必須交由船舶保全員負責保管。

2. 船舶保全警報系統的內部測試每月進行 1 次，測試日期和測試結果需記錄在無線電日誌及船舶日誌當中。

3. 船舶保全警報系統的平時傳送測試程序：

   (1) 船舶最初完成裝機測試以後，於營運期間的傳送測試應每年進行 1 次。公司保全員需得到船旗國有關機構的允許後與船長約定好時間進行測試。

   (2) 公司保全員對船舶保全警報系統的傳送與測試，要和船長或船舶保全員保持電話聯繫。

   (3) 船長和公司保全員須確定船舶保全警報系統測試的目的與時間。

   (4) 測試過程中在駕駛臺發送警報訊息，當公司保全員接到警報訊息時要確認其正確性，包括對船舶身分、警報狀況和內容進行核對，確定是船舶保全警報測試。

   (5) 測試完畢後船長要確定把船舶保全報警系統重置，公司保全員要確認收到的測試資訊把結果告知船長。

   (6) 其他發報位置點也應按步驟 2~5 進行相關的測試。

   (7) 船長和公司保全員雙方確認，所有發報點測試完畢，船舶保全警報系統已被復歸。接下來只要是從船上所發出之警報，皆視為真正之遇險警報。

（五）船舶保全警報系統的維修、檢查、測試和校正

1. **維修：**大約 10 年必須對無線電收發機使用的電池進行更換。不可在收發機的天線上刷漆，一旦系統損壞，應由廠家代理或岸上的有專業技師實施修理及維護，並將維護檢修日期記錄在船舶保全設備檢查紀錄單上。

2. **檢查**：應每月進行外觀檢查，包括天線安裝情況和電源連接供電檢查，並記錄在船舶保全設備檢查紀錄單上。

3. **測試**：每月進行定期的內部線路檢查測試及一般的傳輸測試。測試結果與日期記錄在船舶保全設備檢查紀錄單中。

3-2 船舶自動識別系統

船舶自動識別系統(Automatic Identification System; AIS)，是安裝在船舶上的一套自動追蹤系統，藉由與鄰近船舶、岸臺以及衛星等設備交換電子資料，並且供船舶交通管理系統辨識及定位。當衛星偵測到 AIS 訊號，則會顯示 Satellite-AIS。AIS 資料可供應到海事雷達，以優先避免在海上交通發生碰撞事故。

由 AIS 所發出的訊息包括船舶識別碼、船名、經緯度、航向及航速，並顯示在 AIS 的螢幕或電子海圖以及雷達上。AIS 可協助當值船副以及海事主管單位追蹤及監視船舶動向。AIS 整合了標準的 VHF 傳送器以及由 GPS 接收器所提供的位置訊息，以及其他的電子航海設施，例如電羅經或是舵角指示器。船舶裝有 AIS 收發機和詢答機時，可以被 AIS 岸臺所追蹤，當船舶離海岸較遠時，可藉由特別安裝的 AIS 接收器，經由相當數量的衛星以便從龐大數量的信號中辨識船位。

一、船舶自動識別系統相關規定

所有總噸位 300 以上的國際航行船舶，和總噸位 500 以上的非國際航行船舶，以及所有客船，應按以下要求配備一臺船舶自動識別系統(AIS)：

1. 在 2002 年 7 月 1 日及以後建造的船舶。

2. 在 2002 年 7 月 1 日之前建造的國際航行船舶。

3. 客輪不遲於 2003 年 7 月 1 日。

4. 液體貨運載船不遲於 2003 年 7 月 1 日以後的第一個船檢日。

5. 除客輪和液體貨運載船外的總噸位 50,000 以上之船舶，不遲於 2004 年 7 月 1 日。

6. 除客輪和液體貨運載船外總噸位 10,000 以上，但小於 50,000 的船舶，不遲於 2005 年 7 月 1 日。

7. 除客輪和液體貨運載船外的總噸位 3,000 以上，但小於 10,000 的船舶，不遲於 2006 年 7 月 1 日。

8. 除客輪和液體貨運載船外的總噸位 300 以上，但小於 3,000 的船舶，不遲於 2007 年 7 月 1 日。

9. 在 2002 年 7 月 1 日前建造之非國際航行船舶，不遲於 2008 年 7 月 1 日。

　　部分實施日期之後兩年內永久退役的船舶，主管機關可以免除對這些船舶的要求，但在 2001 年 9 月 11 日美國發生 911 恐怖攻擊事件後，使得 IMO 基於安全因素認為 AIS 系統有必要提早。

　　在 2002 年 5 月的 MSC.75 會議中將 SOLAS 第 5 章再作修正為除客輪及液體貨運載船以外，總噸位 300 及以上，但小於 50,000 的船舶，不遲於 2004 年 7 月 1 日以後之第一次安全設備檢查，或 2004 年 12 月 31 日，以較早者為準。

　　因此，總噸位 300 及以上但小於 50,000 的船舶應於 2008 年底前裝設完畢的時程，提前於最遲 2004 年 12 月 31 日前皆應裝設完成，並列為港口國管制 (Port State Control; PSC) 的檢查項目。

二、船舶自動識別系統基本功能

　　船舶自動識別系統主要的功能是為能即時顯示附近水域內各船舶的各項訊息，如船名、呼號、航向、速度及當前船舶動態資訊等；由於 AIS 能不斷的更新訊息，這也使得航海人員能更容易運用在航行中之參考，可有效的提升航行安全，另外依據 SOLAS 新修正第 5 章第 19 條之規定，AIS 應具備以下三項功能：

1. 自動提供給有適當配備的岸臺、其他船舶及飛行器，包括船舶識別、船型、位置、航向、航速、航行狀態、及跟安全有關的訊息。

2. 具有同樣設備的其他船舶可自動接收以上訊息。

3. 監視及追蹤他船及與岸上設施交換數據。

根據 AIS 的設置構想及 IMO 對 AIS 的定義，可歸納出下列四項 AIS 的基本功能：

1. 協助識別船舶。

2. 幫助追蹤目標。

3. 簡化並促進資訊交換。

4. 提供相關輔助資訊，以避免碰撞發生。

在國際燈塔協會(IALA)所出版之 VTS 工具指南(Guidelines on AIS as a VTS tool)中提到，由於 AIS 所能接收及提供數據量的增加，將對現有的溝通系統產生重要的補強作用，例如對於船舶間或岸上 VTS 而言，從前多是以船舶之大約位置、船艏向、速度或船舶型式等，來辨識目標船並以 VHF 呼叫來取得聯繫，但 AIS 則是利用兩個專用的 VHF 頻道 87B (AISl-161.975 MHz)及 88B (AIS2-162.025 MHz)的頻段來完成其資料的傳輸，且其傳輸之資料為最直接、最正確的即時資料，對於海上交通觀測來說實為一大助益，表 3-1 為 AIS 所傳送之資訊內容。

表 3-1　AIS 傳送之資訊內容

靜態資料	
海上移動通訊識別碼	安裝時設定，船舶之船東變更時可能需要修改
船舶呼號及船名	
船舶識別碼	安裝時設定
船長及船寬	
船舶類型	從預設程式選單中選擇
定位天線之位置	安裝時設定，對於雙向船舶或裝有多向天線之船舶可能改變
龍骨以上高度	擴展信文，僅當船舶主動被詢問時發送
動態資料	
精準之船位	通過連接至 AIS 之位置感應器自動更新，誤差值在 10m 之內
世界協調時	通過連接至 AIS 之船舶主要位置感應器自動更新

表 3-1　AIS 傳送之資訊內容（續）

動態資料	
對地航向	如果感應器計算對地航向，通過連接至 AIS 之船舶主要位置感應器自動更新
對地航速	通過連接至 AIS 之位置感應器自動更新
船艏方向	通過連接至 AIS 之船艏感應器自動更新
航行狀態	須由值班人員手動輸入
轉向速率	通過船舶轉向感應器自動更新或連接電羅經獲得
航次相關資訊	
船舶吃水	每次進出港前依船舶目前狀況手動輸入
危險貨物（種類）	每航次開始時手動輸入，即 DG：危險貨物、HS：有害物質、MP：海洋汙染物
目的港、預計到達時間	每航次開始時手動輸入，船長自行處理或依需要更改
航線設計（轉向點）	
船上人數	每次出港前依船舶實際人數手動輸入
信文	
VTS 發送之相關資訊	衛星定位系統修正資訊、天氣及港口資訊等

三、船舶自動識別系統之特性

　　IMO 對於 AIS 的使用曾做了相關的規定，其中主要標明了 AIS 三個主要的應用面：

1. 用以避免船舶與船舶之間的碰撞。

2. 可用以協助沿海國獲取船舶及其所裝載貨物之資訊。

3. 作為 VTS 的聯絡工具；例如進出港期間之交通管理。

　　由於 AIS 係為利用自組式時間劃分多元存取(Self-organized time-division multiple access; STDMA)技術，以 VHF 載波並可自動收發擷取航行資訊的工作原理，使其應用上有許多的特性分述如下：

1. 部分資訊準確率極高，且幾乎為即時性的提供。

2. 於區域內可自動且連續工作。

3. 由於無線電波之繞射作用，故可不受直線上障礙物之阻礙，獲取後方目標的資料。

4. 船舶改變俥舵令可立即得知。

5. 不會因為目標交錯(Target Swap)而有資訊交換之虞。

6. 能得知目標船之目的港。

7. 明確了解該船舶之大小、吃水及其他狀態。

8. 減少口語溝通可能造成的誤解與不便。

9. 不受天氣狀況、海象等影響。

10. 可由 VTS 中心指配工作模式，以便控制數據傳輸的間隔與時隙。

綜上所述，可以發現 AIS 對於航行安全確實有所助益，然而 AIS 在應用上卻也有其不足之處：

1. 除了法規上所規定之船舶外，不可能期待海上所有船舶均裝設 AIS，沒有裝設 AIS 的小船、漁船或娛樂用船舶就無法得知其航行動態。

2. 由於利用 VHF 傳輸，故傳輸之資料無隱密性。

3. 就使用者而言，於 AIS 之靜態、動態及航次相關資料部分，若無正確輸入或更新，將有使得 AIS 失去效用，甚至造成其他船舶的誤判。

4. 由於 AIS 各廠家的操作介面略有不同，在人員於不同船舶任職時，可能會有功能及操作上等不熟悉之情形產生。

5. 由於經濟成本或其他因素之考量，船東於裝設 AIS 設備時，可能僅依法規之規定下限裝設 AIS 儀器，然卻無購置其相關之軟體或整合至相關的設備（如電子海圖顯示與資訊系統；ECDIS）之中，如此將大大降低 AIS 之功能，亦無法發揮其實用性。

雖然 AIS 在使用上可能會有以上之不足產生，但不難發現其大部分缺點，除法律之規定及規格須再作研議外，其他問題多是人為因素所造成的，這部分則可倚靠教育訓練來加強補足，另一方面目前一般用於 VTS 作為航行管理之助航儀器中，目前傳統上多為利用自動測繪雷達(ARPA)作為主要儀器。

⠿ 3-3 船舶遠程識別與跟蹤系統

船舶遠程識別與跟蹤(Long-Range Identification and Tracking; LRIT)系統提供船舶的全球識別和追蹤等功能，1974 年海上人命安全國際公約第(SOLAS)第 V 章規則 19 條規定了船舶傳輸 LRIT 訊息的功能，以及締約國政府和搜救服務機構接收 LRIT 信息的權利和義務。

LRIT 系統由船載信息傳輸設備、通信服務提供商(CSP)、應用服務提供商(ASP)、數據中心組成，包括任何相關的船舶監控系統、LRIT 數據分發計畫和國際數據交換系統性能，某些方面由代表所有締約國政府的協調員進行審查。

LRIT 資訊提供給 SOLAS 公約的締約國政府以及有權根據請求通過國家、區域、合作和國際數據中心系統使用數據交換接收信息的搜救服務。

與船舶遠程識別與跟蹤有關的性能標準和功能，要求的任何規定均不得損害各國根據國際法，特別是各國的法律制度所享有的權利、管轄權或義務。公海、專屬經濟區、毗連區、領海或用於國際航行的海峽和群島海道。

1. 有關本規定適用於從事國際航行的下列船舶類型如下：
   (1) 客船，包括高速客船。
   (2) 300 總噸及以上的貨船，包括高速船。
   (3) 移動式海上鑽井平臺。

2. LRIT 船載設備必須每日 4 次（每 6 小時 1 次）自動向數據中心傳送下列基本資料：
   (1) 船舶識別。
   (2) 船舶位置（經緯度）。
   (3) 提供船舶位置之日期、時間。

3. 船舶應裝設 LRIT 船載設備，實施日期時程表如下：
   (1) 2008 年 12 月 31 日以後建造的船舶，自建造日期起實施。
   (2) 2008 年 12 月 30 日以前建造的船舶：
      a. 航行 A1/A2 或 A1/A2/A3 海域者，最遲於 2008 年 12 月 31 日之後的第一次無線電設備檢驗。

b. 航行 A1/A2/A3/A4 海域者，最遲於 2009 年 7 月 1 日之後的第一次無線電設備檢驗。

(3) 船舶之航行海域為 A1，並已裝有船舶自動識別系統(AIS)，得不依本規定辦理。

4. LRIT 之主要系統架構如下：

(1) 船載設備(Shipborne equipment)：該設備應自動傳送船舶 LRIT 資訊。

(2) LRIT 數據中心(Data Centre; DC)：主要為蒐集、傳送本國籍船舶 或申請接收 1,000 海浬以內外國籍船舶之資訊。

(3) 應用服務商(Application Service Providers; ASP)：主要提供數據中心與通訊系統（衛星地面站）之傳輸界面及其相關應用服務，ASP 應由政府部門認可。

(4) 國際數據交換(International Data Exchange; IDE)：主要為綜理各 國數據中心間之資訊交換。

5. 船舶配置之 LRIT 船載設備必須符合 MSC.202 (81)、MSC.263 (84)決議案及 MSC.1/Circ.1256、MSC.1/Circ.1257 通函所訂有關 LRIT 的性能標準和功能需求的規定，並由政府認可之 ASP (Recognized ASP)或授權測試 ASP (Authorized testing ASP)辦理符合測試作業並簽發符合測試報告。

3-4 其他船舶保全設施

一、IMO 船舶識別碼(IMO Number)

國際海事組織(IMO)於 1987 年通過第 A.600（15 號決議案），開始實施船舶識別號碼計畫(IMO Ship identification number scheme),其目的是為了加強海上安全、汙染防治以及防止海上欺詐等行為。並為每艘船指定一個永久號碼，以便進行識別。該號碼在將船舶轉移到其他船籍時保持不變，並將記載於新的船舶證書中。

自 1996 年 1 月 1 日起，該計畫的實施成為強制性的措施，2013 年海事組織通過了 A.1078 (28)號決議，允許海事組織船舶識別號碼計畫適用於 100 噸及以上的漁船。

SOLAS 法規 XI-1/3 要求船舶的識別碼在船體或上層建築上的可見位置永久標記。客船應在從空中可見的水平表面上進行標記，船舶內部於機艙艉部艙壁、泵浦間或 RO/RO 之一端艙壁。

IMO 船舶識別號碼是在 IMO 三個英文字尾後再加上建造時所指定的 7 位數字所構成，Lloyd's Register Fairplay 是由 IMO 國際海事組織所委託的唯一管理 IMO 船舶識別號碼的機構。這 7 位數的號碼用於 100 噸以上海上航行的商船上，但以下除外：

1. 自己從事漁業的船舶。

2. 無機械動力機構的船隻。

3. 小型船舶。

4. 執行特殊業務船隻（例如燈塔船、SAR 船）。

5. 開底泥砂駁船(Hopper barge)。

6. 水翼船、氣墊船。

7. 浮船塢(Floating Dock)及其構造類似物。

8. 戰艦及軍事運輸船。

9. 木造船。

二、連續概要紀錄(Continuous Synopsis Record; CSR)

連續概要記錄是海上人命安全國際公約(SOLAS)第 XI-1 章規則 5 中為加強海上安全的一項特殊措施。根據公約規定，所有客船及總噸位 500 以上的貨船必須在船上有連續的概要記錄，該記錄可提供關於船舶歷史的船上記錄。

連續概要記錄(CSR)由懸掛其旗幟的船舶管理部門發布，其中(CSR)記錄中應包含以下詳細信息：

1. 船名。

2. 船舶註冊的港口。

3. 船舶識別碼。

4. 船舶於該國註冊的日期。

5. 船舶懸掛其國旗的國家名稱。

6. 註冊所有人的姓名和註冊地址。

7. 註冊光船承租人名稱及其註冊地址。

8. 船舶入級的船級社名稱。

9. 公司名稱、註冊地址和安全管理活動的地址。

10. 向運營船舶的公司頒發了 ISM 規則中規定的符合性文件的主管部門或締約國政府或公認組織的名稱。

11. 進行審核以簽發合格文件的機構名稱。

12. 向船舶頒發安全管理證書(SMC)的主管部門或締約國政府或公認組織的名稱以及頒發該文件的機構的名稱。

13. 向船舶頒發 ISPS 規則中規定的國際船舶保安證書的主管部門或締約國政府或所認定之組織的名稱，以及進行驗證的機構的名稱。

14. 船舶在國家註冊的到期日。

與上述各點有關的任何更改都應在連續概要記錄中提及，正式記錄應為英文、西班牙文或法文；但是可以提供主管部門語言的翻譯，另外連續概要記錄應始終保存在船上，並應隨時可供檢查。

三、其他相關保全設備

1. CCTV－中央控制監視系統：由攝影機、電腦及顯示器組成，攝影機可分別安裝在監視場所，連續攝影之影像傳送至電腦處理，然後傳送至顯示器，顯示器上可同時顯示八個至十二個畫面，當有需要時可在某一畫面點一下，即可放大至全螢幕顯示，可看得更清楚。

2. Alarms－警報器：分燈光、電笛、氣笛，可依情況需要安裝一種或兩種並裝，安裝位置亦需評估後再安裝。

3. Sensors－感應器：感應器亦可分多種，如限位閉關(Limit switch)、光感器、聲音感應器、磁卡感應器等。

4. Security lighting－**保全警示燈光**：如安裝在駕駛臺兩舷之探照燈，當發現有可疑小船接近時，可以使用探照燈照射以警告之，也可以使用感應器接通燈光，以顯示有人侵入或進入，如機艙進口處安裝感應器，燈安裝在控制室內。

5. Key pad entry－**上鎖門**：可利用傳統鑰匙來上鎖的門。

6. Card entry－**電子式感應控制門**：利用感應卡來控制，如目前家中使用之保全系統，輸入密碼或指紋辨識才可打開等。

7. Metal detectors－**金屬探測器**：用來偵測藏匿在身內之不法金屬類之攻擊性器具。

8. Security lock/sealed－**安全門栓或封條**：門內以卡栓卡住，但對安全上較為不利，會影響外來救援之進入，可在門外以封條加封，一但封條有損即表示有侵入者進入。

9. Citadels－**避難艙**：對於避難艙有以下之要求規範及相關規定：
   (1) 預先規劃設置於船上，所有船員皆需知道其位置，於緊急情況下能讓船員迅速進入。
   (2) 當海盜登輪時之急迫使用，內備有糧食、飲水及緊急醫療等提供保護。
   (3) 避難艙之設計與構造可抵抗非法入侵船舶之人員一段時間。
   (4) 任何船員未進入避難艙，則其功能喪失。
   (5) 所有船員均能於避難艙安全無虞。
   (6) 避難艙內必須有獨立式電力可供對外聯繫，僅靠 VHF 設備通信是不足夠的。
   (7) 避難艙必須是不易被發現之空間，即便被發現也不易被侵入或破壞（如空氣被切斷或用火燒及煙燻等）。
   (8) 如情況許可下，應盡量符合視覺和聽覺對避難艙外面情況之掌握，使避難人員能隨時了解外面狀況。

10. **蛇腹型鐵絲網**。

11. 另外船上亦有一些常備物品可作為保全設備，如：手持式信號彈、太平斧、拋繩槍、滅火器、鐵棍及水龍帶等皆可以善加利用，以作為備用設備。

四、船舶配置之辨識

　　船舶的 GA 圖(Generalarangement; GA)要張貼在公共區域或者是辦公室內，各部位的配置識別要清楚地標示在 GA 圖上，其項目分為下列三點：(1)進入船舶(Ship Access)；(2)限制區域(Restricted Areas)；(3)緊急疏散路線(Emergency Evacuation Routes)。

（一）進入船舶(Ship Access)

　　進入船舶之地點應標示於 GA 圖上，每一道門或進入點之位置必須標示號碼，在保全現場檢驗時可用 GA 圖確認，進入船舶可劃分為兩個區域：

1. **通道至上船**(Access to vessel)：從岸上可進入船舶之處，分為合法與未經許可之兩個地方，這些地點略述如下：

   (1) 纜繩(Mooring lines)：尤其在夜間時，作為非法登輪之最好地點，優點是不需任何工具之協助。

   (2) 錨鏈(Anchor chain)：靠近海側之錨鍊孔為監控盲點，船舶於停泊下錨期間，非法登輪之人員不需任何工具協助即可登輪，尚可利用錨鍊孔作為藏匿之處。

   (3) 領港梯或軟繩梯(Pilot ladders/Jacobs ladder)：該梯在使用時再予放下，讓領港登輪或查看水呎之用，不用時應吊離水面或收回。

   (4) 舷梯(Gangway)：為靠碼頭期間人員進出最頻繁之處，在該處應懸掛告示牌，說明登輪注意事項，在該處驗明登輪者身分、檢查隨身物品、詢問登輪目的等，梯口當值人員並須完成登記及換證等程序。

   (5) 坡道或車道(Ramps)：岸方車輛進入船上之通道。

   (6) 大型起重機(Cranes)：是指用於吊裝或吊卸貨物用之機械；在停工期間應將吊臂移回船上，不要置於舷外，並關閉電源。

   (7) 小型起重機(Hoists)：一般指裝設在船舷兩側用來吊掛船用物料、配件及伙食等。

   (8) 燃油站(Bunker stations)。

2. **通道進入船內**(Access-within vessel)：從合法登輪點或非法登輪點登上船舶後，再從該點進入船舶其他場所之通道屬該範圍，這些點略述如下：

(1) 門(Doors)：可分水密門、木質門、自動防火門。

(2) 緊急／逃生窗口(Emergency/Escape hatches)：專門供緊急／逃生用之窗口，如向上推開之窗口，逃生窗等。

(3) 坡道(Ramps)：可放下吊起之通道可節省空間，在汽車甲板常有該型坡道，作為車輛各層移動用。

(4) 貨物艙蓋、門、洞口(Cargo hatches、Doors、Ports)。

(5) 洞口、舷窗(Ports、scuttles)。

（二） 限制區域(Restricted Areas)

限制區域意指船舶必要的操作，管制及安全之空間，一旦這些區域已認定，則該資訊應標示於 GA 圖上，船上限制區域如下：

1. 駕駛臺(Bridge)：夜間僅保持由船內門可進出，兩舷門由內使用門勾卡住，以防外來侵入者進入，在門上應張貼「非經許可不得進入」告示。

2. 機艙／其他設施處所(Machinery spaces)：進入門處安裝感應器，傳送燈光、聲響至控制室內。

3. 空調壓縮機間(A/C machinery and control room)。

4. 飲水櫃、泵、加水點(Potable water tanks, pump)。

5. 保全監控室(Security surveillance, control room)。

6. 危險品、災害性物質、非隨身行李放置場所(dangerous goods, hazardous substances, unaccompanist baggage)。

7. 卸貨物泵及其控制室(Space containing cargo pumps and their control)。

8. 船舶物料儲藏室(Ship stores space)。

9. 船員及員工艙間(Crew and personnel accommodation)。

10. 安全及緊急設備儲藏室(Safety and emergency equipment storage)。

11. 電器控制／電器裝備室(Electrical control/equipment room)。

12. 燈光控制室(Lighting control room)。

13. 舵機房(Steering gear room)。

14. 貨艙(Cargo storage area)。

15. 外部貨物儲放處(External cargo storage areas)。

　　客輪應依客艙等級來限制活動區，如飛機上分頭等、商務、經濟艙之方式來限制某些旅客活動範圍，各艙間可用文字標明或顏色來區分，並給旅客適當之識別證作為管制之依據，發現旅客越區活動頻繁時，應查明其企圖。

（三）緊急疏散路線(Emergency Evacuation Routes)

　　緊急逃離疏散路線，應隨時保持暢通可行，應更新及檢討在保全等級 1、2 和 3 時其疏散路線可能會有不同路線之情況，若有可能的話，此訊息應顯示於 GA 圖，有關之說明分述如下：

1. **安全上有問題時**：如火災時逃離現場，撤離路線是固定不變的，造船時考慮到逃離路線，而有固定逃生通道（如機艙逃生道）；如何從工作場所、生活空間撤離至集合點，必須在現場以看板來標示，以夜光貼紙張貼適當高處且不會被他物遮敝，利用反光漆在地板上、樓梯上，漆上適當寬度之標示，尤其適用於機艙，該標示可兼亮度指示逃生。該撤離路線亦可標示在 GA 圖上，平時訓練時亦須讓在船人員熟知該路線，該路線上要保持暢通無阻，尤其是門後更應特別檢查，門可開關自如，並應張貼「逃生門」等字樣，主要通道上會裝有 24V 直流照明燈，目前新規定要在住艙門內放置一具手電筒。

2. **保全事故出現時**：撤離至事先規劃場所之路線，該路線要視保全等級不同而採取不同之撤離路線與避難場所，並在該場所儲存相當數量之糧食、飲水及禦寒衣物，該避難場所應屬保密場所，不可讓不相關人員知道，以避免受到破壞或被入侵者容易尋找到進而受到危害。

3. **緊急狀況時之巡邏路線**：應採不定時、不同路線之巡邏方式，巡邏人數至少兩人，但以不定人數較妥；巡邏前要先告知聯絡方式，暗語及肢體語言等；訓練時要讓所有人員熟知各種路線，並以代號來表示不同路線，總而言之有萬全準備方不會發生保全事故，即使發生亦能使危害降至最低。

04 Chapter

船舶保全措施

　　船舶在營運過程中，針對可能遇到之船舶保全事件時，必須採取相對應之保全措施，本章節將根據 ISPS 章程，將保全事件發生可能性分成三個等級，再依據上述在三個等級下規範出六項保全措施，並從中分析來自船舶之九大威脅為何，再依據不同保全威脅擬定出每一保全等級所應採取之保全措施，也就是我們常說之保全 3、6、9。

　　目前針對每月有關船上必須完成之船舶保全年度訓練計畫，接依本章節之內容實施，對此有關接受「保全意識與職責」之人員，需詳加了解其內容，以作為爾後船上執行船舶保全工作之基礎。

4-1　船舶三個保全等級

一、保全等級一時

　　保全等級 1 是指隨時需要保持最低之防範措施，也是船舶日常作業時的保全等級，當處於保全等級 1 時，應通過適當的措施並考慮 ISPS 章程 B 篇的指導，在船上開展下列活動，以便針對保全事件確定並採取防範措施：

1.　確保履行船舶所有保全職責。

2.　對進入船舶予以管制。

3.　控制人員及其物品上船。

4.　監控限制區域，確保只有經過授權的人才能進入。

5.　監控甲板區域和船舶周圍區域。

6.　監控貨物和船舶備品裝卸。

7.　確保隨時可進行保全通信。

二、保全等級二時

　　保全等級 2 是指面對突發事件致使風險提升，而必須在一個特定時間保持適當性的防護措施，例如船舶在行駛於海盜區時應提升至防護（防盜）等級，直至離開海盜區為止，當處於保全等級 2 時，應考慮到 ISPS 章程 B 篇的指導，對上述活動實施船舶保全計畫中所規定的附加防範性保全措施。

三、保全等級三時

　　保全等級 3 是指有關船舶安全事件可能或即將發生（即使無法確定具體目標）時，應在有限時間內執行更進一步的特殊保護措施，當處於保全等級 3 時，應考慮 ISPS 章程 B 篇的指導，對上述活動實施船舶保全計畫中所規定的進一步特殊性保全措施。

四、船舶應有之保全措施

1. 如果船舶主管機關規定了保全等級 2 或 3，船舶應確認已收到關於改變保全等級的指令，並迅速提高船舶的保安全等級和實施相對應的保全措施。

2. 船舶在進入締約國境內的港口之前，或在締約國境內的港口期間，如果締約國政府規定的保全等級高於船舶主管機關所規定的保全等級時，船舶應符合締約國政府規定的保全等級要求。

3. 如果船舶按其主管機關要求，所設定的處所的保全等級高於其擬進入或已在港口的保全等級，船舶應立即將此情況通知港口設施保全官進行聯絡並協調適當的行動。

4. 在締約國政府規定了保全等級，並已確保向在其領海的或已通知進入其領海意圖的船舶提供了保全等級的訊息時，船舶應保持戒備，並立即向其主管機關和附近任何沿岸國報告其所注意到的可能影響該區域海上保全的任何訊息。

5. 如果船舶不能符合主管機關或另一締約國政府規定的適用該船舶保全等級要求，則該船應在進行任何船／港介面活動前，或在進港之前將此情形通知適當的主管當局。

6. 任何時候船舶的保全等級不得低於其靠泊的港口設施的保全等級。

7. 船長和船舶保全官應儘早與預計靠泊的港口設施保全官取得聯繫，以確認本船在該港口設施的保全等級狀況下應採取相關之保全措施：

   (1) 船舶應根據目前之港口保全等級採取相關的保全措施。

   (2) 當船舶和港埠設施正常工作時，應採取保全等級 1 規定的最低限度的適當防範性保全措施。

(3) 在保全事件發生風險性升高的整個階段內，船舶應採取保全等級 2 規定的附加防範性保全措施。

(4) 在一段時間內保全事件可能或即將發生時，船舶應採取保全等級 3 規定的特定防範性保全措施。

五、當值者應有之保全意識

（一） 了解

1. 目前船舶及港口保全等級。

2. 自己責任及相關保全規定。

3. 接班前檢查梯口當值記錄簿及訪客登記簿。

（二） 確認當值規定

1. 所有巡邏人員均穿著整齊及適合服裝並攜帶適當保全裝備。

2. 梯口應維持 24 小時當值；用餐及巡邏期間均已有接替人員。

3. 任何時間甲板至少應保持一人當值。

4. 當值規定及輪值表公告時需詳讀內容。

5. 巡邏期間發生事故及緊急事件時，知道如何處理及回報。

（三） 船上通道之上鎖與管制

1. 確認所有限制區域是否上鎖。

2. 甲板通風口、儲藏室及平時無人場所，如物料庫房、淨油機房均已上鎖。

3. 允許額外乘員及訪客進入其鄰近末開放區域之門，不用時應上鎖。

（四） 登船之入口之限制

如果可行僅應限制為單一出入口，並確認所有開啟之通道門，均已採取適當保全措施。

（五） 登船人員辨識

1. 所有上船人員均應出示識別證。

2. 無法出示證件者，應留於梯口等候，並通知當值船副處理。

3. 在進入住艙或進入船舶公共區域時，應檢查其隨身攜帶物品。

4. 登輪訪客在船期間，應有接洽部門人員全程陪同，訪客若無人接待，將不得進入船舶。

5. 對已登輪的訪客應視其身分，區分其可進入區域，甚至限制其進入船舶重要地區。

（六） 巡視船舶

1. 每隔一段時間，應依規定檢查限制區域可能造成之危害（例如裸火、電器及洩漏等）。

2. 至少每隔兩小時，應與船上相關部門核對其訪客或廠商人數一次，並確認其登記簿上記載是否吻合。

3. 在午夜 24:00 前應再確認船上工作人員至少一次，24:00~06:00 時交接班期間必須詳實記載並交接與下一班人員。

4. 巡視船上各部位、限制區，檢查纜繩情況及掛防鼠擋板是否有掛好，並且注意是否有未經許可被開啟之通道門。

5. 下錨後，甲板巡邏人員需確認錨鏈孔蓋是否蓋妥，並注意船頭附近海面狀況。

（七） 巡視船舶周圍及碼頭邊動態

1. **監控**：利用船上監視系統不斷監控。

2. **報告**：隨時保持對講機暢通，遇疑問時應隨時報告當值船副。

3. **紀錄**：梯口交接班時，須詳實記錄於保全巡邏檢查表內。

4. **告知**：使接班人員知道目前保全等級及相關注意事項。

5. **照明**：日落前日出後半小時及能見度不佳時，應至駕駛臺開啟甲板相關燈具之照明，船舷另一側（海側）如有需要應加掛照明燈。

4-2 船舶六項保全措施

　　船舶保全計畫中具體說明有關船舶、人員、貨物等相關之船舶保全措施，並在各種保全等級狀況下應採取之行動準據，以下分為六項保全措施依序說明：(1)船舶人員、乘客、來訪者等進入船舶；(2)船上的限制區域；(3)監視船舶保全；(4)貨物裝卸；(5)船舶物料交付；(6)非隨身行李之裝卸。

一、船舶人員、乘客、來訪者進入船舶之保全措施

　　由於船舶泊靠碼頭期間，人員上下船舶情況頻繁且複雜，為了落實人員管控，首先必須管制船舶各出入口，可以進入船舶的地點包含以下地點：登船梯、登船舷門、船艏吊門、進口門、舷側艙門、舷窗與舷門、繫泊纜繩及錨鏈，以及起重機與升降裝置等，不同保全等級的保全措施分述如下：

（一）控制進入船舶的保全措施

1. **保全等級 1 (Security Level 1)：**
    (1) 辨識所有人身分：核對所有登輪人員的身分，並確認其登輪理由，例如核對身分證及工作證、航港局或代理行申請書或同意書、公司簽發之工單等。對於不配合人員可以拒絕其登輪，並報告船舶保全官。
    (2) 與港口設施保全官保持聯繫，應確定進入指定之保全區域對人員、行李、個人物品、車輛及其內容進行檢查及搜查。
    (3) 與港口設施單位聯繫，船舶應確保準備裝至車輛運輸船、滾裝船及其他客船上之車輛，在裝車輛進入船艙前依規定進行搜查。
    (4) 將已檢查及未檢查過之人員與行李隔離。
    (5) 將上、下船人員隔離。
    (6) 確認應採取保全措施之登船口以防止人員擅自進入。
    (7) 用鎖或其他關閉方式，防止乘客或其他非相關之工作人員進入無人看管處所附近區域之入口。
    (8) 向所有船舶人員作出保全指示，說明可能之威脅及報告可疑人員或物品或行為之程序以及保持警惕之必要性。
    (9) 授權人員危急船舶限制區域最小化。

2. **保全等級 2 (Security Level 2)：**

(1) 指派額外人員看守船舶進入口，並在深夜巡邏甲板區域以防止擅自登輪。

(2) 限制船舶出入口，減少通往船舶進入口，確認需要關閉之入口及緊閉的方式。

(3) 加強巡邏，防止從海側接近的船舶。

(4) 配合港口設施保全官(Port Facility Security Officer; PFSO)合作，在船舶岸側規定限制區域。

(5) 增加對登船人員及個人物品及裝船車輛的檢查與核對。

(6) 陪同已上船的來訪之人員，直至離船為止。

(7) 向所有人員作出附加之具體保全指示，說明已確認的威脅，再次強調回報可疑人員、物品或行為之程序，強調提高警惕的必要性。

(8) 對船舶進行全面或局部搜查。

3. **保全等級 3 (Security Level 3)：**

(1) 限制進入船舶入口，僅保留一個可控制之登輪入口。

(2) 僅允許對保全事件或威脅進行反應之人員進入。

(3) 向船上之人員發出指示。

(4) 停止人員上下船。

(5) 停止裝卸貨物，交付物料等。

(6) 從船舶撤離。

(7) 移動船舶離開保全威脅區域。

(8) 為全面搜查或局部搜查船舶作出準備。

（二） 控制進入登船通道的保全操作

1. **登船通道開啟的決定**：船長負責決定登船通道開放的位置和數量，船長在做出決定時應考慮、船上所有操作需要及潛在的保全影響，保全人員的分配以及所處的保全等級，以保證船舶的正常作業。

2. **進入通道／門的控制職責**：船舶保全官負責向船長報告船舶的整體保全情況：

(1) 在船舶甲板上巡邏，觀察船舶周圍任何活動情況，包括舷外和碼頭區域。

(2) 定期檢查船舶所有的門是否關閉，船側開口及其相關的保全設施是否完好。

(3) 檢查船舶艏艛和其他甲板區域，確認是否存在任何未經許可的船舶通道被打開。

(4) 全面檢查以確保所有被開啟的通道是由有關部門的工作人員負責管理。

(5) 檢查所有逃生路線上關閉的門，確認在逃生方向上沒有鑰匙也能打開。

(6) 當值人員或特地增加的保全人員應提高警惕、堅守崗位、勤於巡邏、克職盡責。

3. **對通道的控制要求：**

(1) 負責執行通道控制的部門負責人應確保所有的當值人員有足夠的休息時間，當值人員無論任何情況、任何時間、任何原因都不得離開當值崗位，直到有人接班才可離去。

(2) 甲板部應按要求管理所有出入通道門，以協作船舶保全員和指定的保全人員履行職責，當值駕駛員應協助船舶保全員以確保提供足夠的人力，保護所有船舶進入通道的安全。

(3) 梯口當值是船舶保全員和指定的保全人員的首要職責。

(4) 船舶保全員應和碼頭經營者商定保全措施，包括保全守衛和柵欄裝置。

(5) 公司應根據船上可能的登船通道，擬出各實際操作控制要求。

二、船上限制區域之保全措施

船舶保全計畫中，有明確說明所有限制區域內的控制方法和實際相關措施，並規定了限制區域應標示至少 20 公分高、30 公分寬的「限制區域非經許可不得進入」紅色字樣，表明相關通道受限，擅自進入違反保全規定等，船舶保全計畫也明確提到船上限制區域範圍以及限制區域之保全措施等，相關措施分述如下。

（一） 限制區域

1. **建立限制區域的目的：**
   (1) 阻止擅自進入。
   (2) 保護乘客、船員、港埠設施內人員及其他機構授權的登船人員。
   (3) 保護船上敏感的保全區域。
   (4) 保護貨物和船上物料免遭破壞。

2. **限制區域的範圍：** 限制區域包括但不限於以下處所：
   (1) 駕駛臺、機艙控制室、舵機房、消防站、緊急發電機房等海上人命安全國際公約第 II-2 章規定的其他控制站。
   (2) 裝有保全、監控設備和系統及其控制、照明系統的處所。
   (3) 通風換氣系統和其他類似處所。
   (4) 淡水艙、淡水泵艙及其管系所在處所。
   (5) 裝有危險貨物或有害物質的處所。
   (6) 裝有貨物泵及其控制的處所。
   (7) 貨物處所和船舶物料處所。
   (8) 船員住艙。
   (9) 通過船舶保全評估，確定為維持船舶保全必須限制近入的其他處所。

（二） 適用於船舶限制區域的保全措施

1. **保全等級 1 時應採取的保全措施：**
   (1) 鎖閉或關緊通道口。
   (2) 在該區域內使用監控設備。
   (3) 安排警衛或進行巡邏。
   (4) 使用自動闖入探測設備以向船上人員發出未經准許進入的警報。

2. **保全等級 2 時應採取的保全措施：** 保全等級 2 時，應加強對船舶限制區域監控的次數、密度和對進入限制區域通道的控制，確保只有經過批准的人員才能進入，船舶保全計畫還應制訂適用的附加保全措施，包括：
   (1) 在通道口附近建立限制區域。
   (2) 連續監控監視設備。
   (3) 在受限區域增加人員警氣和巡邏。

3. **保全等級 3 時應採取的保全措施**：保全等級 3 時，船舶應遵守負責應對保全事件或威脅的人員的指令，船舶保全計畫應詳細制訂與這些人員和港埠設施密切合作時船舶應採取的保全措施，可包括：

(1) 在船上發生保全事件的區域附近或可能對保全構成威脅的地點新增限制區域，並封鎖通道。

(2) 對限制區域進行搜索。

（三）控制進入船上限制區域的保全操作

1. **船上限制區域及其標誌**

(1) 在考慮船舶實際情況與船舶保全評估的基礎上，通常以下區域可定為限制區域：駕駛臺、機艙、舵機房、控制室、液壓泵控制間、應急發電機房、電腦室、船員生活區、醫務室、保全辦公室等處所。

(2) 除了指定為限制區域的區域之外，運轉中之空調機房、蓄電池間、二氧化碳間、氧氣及乙炔儲藏間、飲用水櫃測量孔、透氣孔和加水孔、油漆庫房等處所為船舶易受攻擊的區域，平時應保持關閉。

(3) 船上的限制區域應清楚標識，警示標誌應清楚地標明「限制區域，未經授權不得進入」。

2. **限制區域的保護**

(1) 所有可以加鎖的限制區域均應加鎖保護，只有經許可進入的人員才配有鑰匙。

(2) 每次保全巡邏均應檢查限制區域，並在航海日誌中記錄。

(3) 只有船舶公司的工作人員才可以進入限制區域，其他人員包括隨船人員、承包商、商販和其他訪客必須經過船長許可才可進入限制區域。

(4) 除非船長或船舶保全員另有指示，船上人員在任何時候均可進入任何限制區。

(5) 登輪執行公務的政府官員執行任務需要可進入任何限制區域，但應由有權進入該區域的本船船員陪同。除非在應急情況下，譬如進入某區域其有重大危險，此時船長可同意執行特殊任務的政府官員可以單獨進入。

（四） Master Keys 之管控

1. 船上鑰匙的發放實行嚴格控制，特別是 Master Keys，確保有權進入某域的人員才能擁有該區域的鑰匙。

2. 船長有權決定採取措施，以保護全船所用的鎖具。

3. 所有的鑰匙由大副負責保管和記錄，所有的鑰匙應標明其位置和目前鑰匙持有人，對鑰匙的發放應有一份的紀錄，並於每次人員交接時更新，所有發放出去的鑰匙均應由領用人簽字認領。

4. 船員離船時應將鑰匙交給接班人員，並在交接班報告中書面列明，如無接班人員，應將鑰匙交還大副並由大副在鑰匙發放記錄上登記。

5. 限制區域的鑰匙，如果丟失或被竊應採取如下措施：

    (1) 任何限制區域鑰匙遺失或被竊時，立即向船長或船舶保全官報告，以便採取適當的行動以確保上述區域即時關閉以及防止未經允許的人員進入。

    (2) 如有充分理由證明該鑰匙落入水中並無打撈可能，大副可為其發放新鑰匙。

    (3) 如鑰匙失落原因不明，如果可行應立即更換鎖頭，否則應加強對該區域的監控。

    (4) 對鑰匙遺失或遭竊負責任之人員，在 24 小時內應向大副報告，並敘明發生經過。

    (5) 如必要，對丟失或失竊鑰匙的調查完成後，向船長報告。

    (6) 如果發生了盜竊案，船長應立即向公司保全員提交報告。

三、監視船舶保全之措施

　　船舶本身應具備甲板監控、可能登船的通道、船舶限制區以及易受攻擊的地點監控之能力。此種監控方式可以採用照明、安排當值人員、甲板巡邏以及自動闖入探測裝置及其他監控設備等，自動闖入探測設備應能在有人闖入監控區域時啟動聽覺和或視覺警報，航行中用雷達、望遠鏡等設備對海面可疑目標進行仔細搜索，對可疑目標鳴汽笛警告、探照燈照射警告等。

船舶在以下狀態時，船長應決定採取與保全狀況相對應的保全監控措施：

1. 船舶航行在保全威脅程度較高的水域。

2. 船舶在港作業。

3. 船舶在錨地。

4. 其他通過保全檢查和評估認為需要監控的區域。

（一）監控船舶方法

1. **保全照明：**

   (1) 在航行期間除了固定開啟航行燈外，在不妨礙駕駛員航行安全的狀態下，應盡可能多打開甲板燈光照明，如在船舶左右兩舷及船艉保持有足夠的燈光照明燈，並照亮探照燈，以增強船舶周圍水面的能見度，駕駛臺當值人員經常用手持式信號燈或強光手電筒照射海面，以表示船舶有防範與戒備。

   (2) 靠泊和錨泊中保持甲板和船內所有照明燈處於良好使用狀態，夜間打開照明燈確保船舶甲板、船艉區域和通道口的照明，使船員能夠完全掌握岸側與海側等區域情況，在保全等級提升之狀況下，協調碼頭設施提供岸邊附加燈光照明，附加燈光照明包括：使用聚光燈、強光燈，在船舶左右兩舷和船艉掛上強光照明燈，以增強甲板和船舶周圍水面之能見度。

2. **甲板和船內燈光照明要求：**

   (1) 在黑夜或視野受限情況下，進行船舶或港埠設施介面活動、靠泊或錨泊作業時，應確保船舶甲板、船艉區域和通道口的照明。

   (2) 船舶在碼頭、錨地或航行途中，甲板和船舷在黑暗中或能見度不良時均應按照保全等級，或船長的判斷給予照明，但不應影響航行燈或安全航行。

3. **保全巡邏：** 保全巡邏由船舶保全官負責安排，主要檢查船舶及其周圍的保全狀況，保全巡邏的程序如下：

   (1) 保全巡邏人員和當值人員應攜帶通信設備，並隨時與當值駕駛員和船舶保全官保持聯繫。

(2) 巡邏應以不定時的時間間隔進行。

(3) 巡邏人員應巡視包括船舷外側在內的船舶各個區域，特別要注意檢查每一個限制區域，如該區域處於關閉狀態時，應檢查其關閉狀況，並觀察所巡邏區域的任何可疑跡象。

(4) 不要擅自處理任何之可疑跡象，應立即報告船舶保全官。

(5) 如巡邏中發現未經授權的人進入限制區域，應視情況對其進行搜查，確認其限制區域內的任何設備和物件未遭破壞，如進入者屬於允許登船人員，應在有人陪同下將其帶往指定工作場所，同時報告船舶保全官，如屬未經授權登船人員，應立即報告船舶保全官，並通知港埠設施保全官進行處理。

(6) 如巡邏中發現保全狀況有被破壞的跡象，不要擅自處理更不能破壞現場，應立即通知船舶保全官進行檢查，必要時報告港埠設施保全官到船處理。

(7) 對船上所有人員通報可能的威脅，要求他們保持警惕，及時向船舶保全官或當值駕駛員報告可疑人、事、物等事件。

（二）各保全等級下監控船舶的措施

1. **保全等級 I 時應採取的保全措施：**

(1) 船舶保全計畫應制定包括照明、當值人員、保全人員或使用保全和監控設備在內的保全措施，使監控人員能觀察到船舶的整體情況特別是限制區域。

(2) 在夜間或能見度低的情況下，當進行船港介面活動、靠泊或拋錨作業時，應確保對船舶甲板和船舶進入通道給予必要的照明。

(3) 考慮到現行國際海上避碰規則的規定，船舶航行時應使用安全航行的照明。

(4) 在確定適當的照明亮度和位置時，應考慮到以下方面：

    a. 船上人員應能觀察到船舶兩舷的情況。

    b. 涵蓋區域應包括船上和船舶周圍區域。

    c. 涵蓋區域應便於在通道處對人員身分進行核對。

    d. 涵蓋區域還可通過與港埠設施協商決定。

2. **保全等級 2 時應採取的保全措施**：保全等級 2 時，船舶保全計畫應制訂加強監控和監視能力的附加保全措施，包括：

   (1) 增加保全巡邏的次數和範圍。

   (2) 增加照明的涵蓋範圍和強度或增加對保全和警戒設備的使用。

   (3) 增加保全當值人員，確保與水上巡邏艇、岸上人員及車輛巡邏的協助。

   (4) 如有必要，可要求港埠設施提供額外的岸側照明。

   (5) 應加強照明以防範嚴重威脅安全事件的風險。

3. **保全等級 3 時應採取的保全措施**：保全等級 3 時，船舶應聽從對保全事件或其威脅進行處理的機構所發出的建議與指導。船舶保全計畫應詳細列出船舶在與該單位和港埠設施部門密切合作時，可由船舶自行採取的保全措施，其中可包括：

   (1) 打開船上或附近的照明。

   (2) 打開監視設備監控船上和附近的活動。

   (3) 最大限度地延長此類監控設備的連續使用時間。

   (4) 準備對船體進行水下檢驗。

   (5) 採取包括船舶螺旋槳低速運轉在內的措施，防止從水下接近船舶。

四、貨物裝卸之保全措施

　　船長和大副負責核實待裝貨物與裝貨清單的一致性，並確保只有許可的貨物才能裝船，如有不一致，將可拒絕貨物裝船，船舶保全官負責對貨物裝卸作業進行監控，在可疑情況下聯繫港埠設施保全官、托運人或其他相關機構安排對貨物進行詳細檢查，因此在貨物裝卸中除防止對貨物的破壞外，並須預防非船舶預定裝載的貨物裝載、儲存於船上。

（一）各保全等級下之保全措施

1. **保全等級 1 時應採取的保全措施：**

   (1) 在裝卸之前和裝卸期間對貨物、貨物運輸工具和貨物存放區域進行常態檢查。

   (2) 檢查確認裝船貨物與提單所載品名是否相符。

(3) 與港埠設施聯繫，確保對所有裝船的車輛在裝船之前已根據船舶保全計畫規定的次數要求進行了檢查。

(4) 可以通過目視和實地檢查，使用掃描或探測設備、機械設備或警犬對貨物進行檢查。

(5) 如要定期、批量轉移貨物，公司保全官或船舶保全官可與港埠設施部門協商，與承運人或其他貨主一起在異地檢查、封箱和簽署有關提單文件等。

2. **保全等級 2 時應採取的保全措施**：保全等級 2 時，船舶應制訂貨物裝卸時通用的附加保全措施，包括：

(1) 詳細檢查貨物、貨物運輸工具和貨物存放區域。

(2) 加強檢查確保貨物正確裝載。

(3) 對將要裝運車船、駛上駛下和客船的車輛實施嚴格搜查。

(4) 增加檢查封條或其他預防破壞措施的次數。

(5) 可以通過加強目視和實地檢查的次數和增強，以及增加使用掃描或探測設備、機械設備或警犬的次數對貨物進行加強檢查，除已有的程序外，與承運人或其他方一起加強保全措施。

3. **保全等級 3 時應採取的保全措施**：保全等級 3 時，船舶應遵守負責對保全事件或威脅等人員之指令。船舶保全計畫應詳細制訂與這些人員和港埠設施密切合作時船舶應採取的保全措施，其中包括：

(1) 停止貨物裝卸。

(2) 核對船上裝載的危險貨物和有害物質清單（如有的話）以及它們的裝載位置。

（二）貨物裝卸過程中之保全措施

　　船舶保全計畫規定了船舶貨物裝卸過程中的保全操作要求，以防止對貨物的破壞，以及船舶非預期的貨物裝載和儲存，從而避免因貨物因素導致保全事件的發生。

1. **貨物區域的控制**：

(1) 所有裝貨區域在開始操作前應進行檢查。

(2) 航行中禁止進入貨物區域。

(3) 裝卸貨期間，嚴禁未經授權的人員進入裝貨場所。

(4) 貨物處理設備在不使用期間應繫固良好。

2. **貨物裝卸控制：**

(1) 船長在裝貨前，應檢查托運人或租船人的書面貨物資料，以確定待裝貨物對船舶和卸貨港口的安全性，有任何疑慮應報告公司和貨物相關人員。

(2) 當值船副在貨物裝卸之前和裝卸期間對貨物、貨物運輸單元和貨物區域進行常態檢查，確認裝船貨物與裝貨單所載品名相符。

(3) 檢查封條或其他防止破壞的方式，確保裝船貨物未經任何變動。

(4) 在開始處理貨物運作之前，要對所有的貨物和運輸裝置進行檢查，看是否攜帶有武器、軍火、易燃易爆物、毒品和違禁品，對貨物檢查可以通過目視並實際由外觀檢查，或用掃描及探測儀器實施檢查，若有經過訓練之緝毒犬可對已裝船之貨物進行 25%隨機檢測。

(5) 根據載貨證卷，隨機檢查貨櫃空櫃的識別號和非貨櫃裝載的貨物。

(6) 與港埠設施部門密切聯繫，保證指定比例之交通工具被裝載到汽車船或駛上駛下之客船上，裝載前應進行檢查。

3. **船上危險貨物或有害物品清單及其位置：**

(1) 如船上裝有危險貨物或有害物質，應列出其品名和積載地點清單，對其存放地點應進行嚴格監控，根據其貨物性質及本輪保全狀況，必要時指派專人負責看管。

(2) 所有危險貨物或有害物品的裝載、卸載均應由大副在現場監督，並根據其裝船情況及時建立和更新清單。

4. **可疑貨物的處理：**

(1) 船舶一旦發現可疑貨物，應立即停止貨物裝卸作業，並報告大副及當值船副，在確認狀況後回報給公司保全官。

(2) 船舶保全官立即與港埠設施保全官聯繫，並請求協助進行更詳細的全面檢查。

(3) 配合應急反應單位和港埠設施保全官，全面進行核對船上裝載的危險貨物及其位置，並根據應急反應單位的指示對可疑貨物進行處理。

(4) 按「非法行為」規定予以報告。

五、船舶物料交付之保全措施

對經常使用港埠設施的船舶，可以建立包括船舶、供應商和港埠設施在內的通知、傳遞單據等相關程序，並始終有可以確認的機制確保裝船的貨物有附帶相關之證明文件。

（一）船舶物料交付保全措施的作用

1. 確保檢查船舶物料和包裝的完整性。

2. 防止船舶物料未經檢查而被接收。

3. 防止破壞以及防止接收未經預訂的船舶物料。

（二）各保全等級下的保全措施

1. **保全等級 1 時應採取的保全措施**：保全等級 1 時船舶應制定交付船舶物料時之保全措施，包括：

   (1) 在裝船之前進行檢查，確認送船物料與訂單是否相符。

   (2) 確保立即對上船物料的堆放採取繫固等保全措施。

2. **保全等級 2 時應採取的保全措施**：

   (1) 制訂交付船舶物料時適用的附加保全措施。

   (2) 在接收物料上船之前進行核對並加強檢查。

3. **保全等級 3 時應採取的保全措施**：保全等級 3 時，船舶應遵守對此次保全事件負責人員之指示，船舶應詳細制訂與這些負責人員和港埠設施部門密切合作，並採取相對應之保全措施，以下包括：

   (1) 對船舶物料進行更詳細的檢查。

   (2) 限制或停止船舶物料裝船。

   (3) 拒絕接收船舶物料裝船。

（三） 船舶物料交付的保全操作

1. 物料交付之前，公司應將供應商名稱、地址、連絡人、聯繫電話及傳真號碼等相關資料及所訂購的物料清單及時提供給船上人員。

2. 供應商在交付物料之前，應提前通知船上並說明送船的日期和時間。

3. 確認物料備品與船上或公司所提供的訂購清單是否相符，經驗收檢查無誤後方可上船，如有不符應拒絕接收。

4. 根據適用的保全等級，在裝載之前檢查物料的包裝完整性，確保物料未被破壞和夾帶其他物品。

5. 根據適用的保全等級，對所有的物料進行外觀和物理上的檢驗，包括使用掃描、探測儀器或經過訓練之值勤犬，對已裝載貨物進行隨機檢測看是否攜帶有武器、軍火、易燃易爆物、毒品和違禁品等。

6. 船舶物料接收後應及時繫固堆放，並在儲存之前應確保有人看管，以防物料被破壞。

7. 船舶物料交付之後應儲存在限制區域內。

（四） 船舶油料之交付

1. 船舶油料交付之前應檢查所訂購油類品項與數量是否相符。

2. 根據適用的保全等級，安排專人履行加油期間的保全當值，確保加油的整個過程得到有效監控。

（五） 可疑物料的處理

1. 船舶一旦發現可疑物料，應立即停止物料接收程序，並報告大副及當值船副，並將處理狀況報告公司保全官。

2. 船舶保全官與港埠設施保全官聯繫，並請求協助進行更詳細的檢查。

3. 配合應急反應單位和港埠設施保全官，全面核對送船之可疑物料存放位置，並根據應急反應單位的相關指示進行處理。

4. 按「非法行為」規定予以報告。

六、非隨身行李裝卸之保全措施

無人照管行李是指在檢查區域或搜查地點乘客或登船人員並未隨時攜帶的行李，包括包裹等個人物品，所以船舶保全計畫中應制訂相關保全措施並予以保證：

1. 無人照管行李在裝上船之前經過識別、掃描檢查以及搜查。

2. 沒有必要對行李分別進行船上和港口檢查，如都有檢查設備，最後應由港埠設施方負責檢查。

3. 各保全等級下的保全措施：

    (1) 保全等級 1 時應採取的保全措施：保全等級 1 時，船舶保全計畫中應規定處置無人照管行李時適用的保全措施，以確保所有無人照管行李至少經過 100%的檢查，包括 X 光機之檢查。

    (2) 保全等級 2 時應採取的保全措施：保全等級 2 時，船舶保全計畫中應規定處置無人照管行李時適用的附加保全措施，包括對所有無人照管行李進行 100%的 X 光機之檢查。

    (3) 保全等級 3 時應採取的保全措施：保全等級 3 時，船舶保全計畫應詳細制訂與港埠設施密切合作，此時船舶應採取的保全措施，可包括：

    a. 至少從兩個不同的角度使用 X 光機進一步檢查行李。

    b. 限制或停止對無人照管行李的處置。

    c. 拒絕無人照管行李裝船。

4-3 船舶保全九大威脅

海事安全是一項非常專業領域，所有負責航行安全的航行員必須以本身專業知識來保護他們的船舶免受內部和外部威脅，這些威脅有多種形式，每種形式都需要不同的策略來進行適當的防範，本節將分析有關船舶之九大威脅模式，分別說明如下。

一、 對船舶或港口設施之損壞或破壞，如透過爆炸裝置縱火、破壞或惡意行為

　　該保全事件屬恐怖主義或甚至是攻擊行為，有時只是為了特殊目的而引發的事件，所以如果該裝卸港有政治因素等敏感問題，或該貨物對此地有某些影響程度，以及船員或船旗國之宗教與當地宗教有明顯之衝突時，皆必須謹慎為之，其假設情況可分為下述情形：

1. 通過爆炸裝置(Explosive Devices)損壞或破壞港口設施。

2. 透過縱火(Arson)損壞或破壞港口設施或船舶。

3. 透過破壞行為(Sabotage)損壞或破壞港口設施或船舶。

4. 透過惡意行為(Vandalism)損壞或破壞港口設施。

5. 透過爆炸裝置(Explosive Devices)損壞或破壞船舶。

6. 透過惡意行為(Vandalism)損壞或破壞船舶。

二、 劫持或奪取船舶或船舶人員 (Hijacking or Seizure of the Ship or Persons on Board)

　　該保全事件屬以（取財）為主要目的，多數與地緣關係（臨海國家）、政治動盪（戰亂）、貧窮（落後）地區等因素有關，也成為該事件發生之主要溫床，故航行該海域時，應提高警覺以防止下列事件發生：

1. 搶劫(Hijacking)船舶貨物、人員及物資，其行為以搶劫財物為主。

2. 奪取(Seizure)船舶及船上人員作為人質，其行為以扣押為手段，勒索財物或把船舶占為己有。

三、損壞貨物、船舶關鍵設備或系統或船舶物料

　　該保全事件應屬警告性質較多，非破壞性保全事件，應研究當地政治生態、宗教狀況及治安狀況等，以下為較常見之破壞方式：

1. 損壞貨物(Tampering with cargo)。

2. 損壞船舶關鍵設備或系統(Tampering essential ship equipment or system)。

3. 損壞船舶物料(Tampering ship's stores)。

四、未經允許進入或使用船舶，包含偷渡方式

該保全事件應為有特殊目的且未經允許進入船舶，其目的必然以隱藏方法或利誘方式為多，故有效之搜查及對船員平時之保全意識非常重要，常發現之非法入侵船舶管道如下：

1. 進入船舶通道之管制(Access control)。

2. 從船艙進入船舶。

3. 從岸側進入船舶。

4. 從海側進入船舶。

5. 從船艉進入船舶。

五、走私武器或設備，包括大規模殺傷性武器

海上貿易的頻繁促使跨國犯罪的非法集團利用海運方式走私槍械等武器，走私少量武器是屬船員個人圖利問題，數量與種類多是屬走私集團行為，走私大規模殺傷性武器或設備是屬恐怖組織行為，國際犯罪不會立即消失，但海上安全維護可盡量減少它們的蔓延，航運業能在源頭攔截的非法貨物越多，貨物到達目的地後造成的損害就越小。

六、使用船舶運輸，企圖製造保全事件之人或其設備

該保全事件主要以利誘或威脅船員，以偷渡方式運送人員，在港同時也利用船員與碼頭工人偷竊設備，在海上以武力扣押船舶以達運送人員和設備為目的，可能之情況分析如下：

（一）保全事件之種類

走私武器、偷渡、擾亂社會秩序、破壞或損壞港口設備，以及破壞船舶、搶劫船舶或扣押船舶及人員。

（二）人與保全事件之關係

1. 個人製造小型保全事件，影響層面小，防止較容易。

2. 群體人製造大型保全事件，影響層面擴大，以群攻力量來達到目的，如受壓迫者、受政治迫害者、族群與族群間之仇恨、利益衝突團體、理念不同團體（如環保團體、反核團體）、政治理念偏激者等。

3. 相同信仰者所製造保全事件之目的明顯與計畫周詳，但對象不一極難防止，宗教衝突（如回教與基督教）、主義衝突（民主與獨裁）等。

（三） 人製造保全事件之目的

1. 個人製造小型保全事件目的多以私利為主。

2. 群體人製造大型保全事件目的主要以突顯某種理念、爭取群體認同、表現該群體是不可任意欺負者，藉以引起大眾之注意並給予同情。

3. 相同信仰者製造保全事件，目的在於保護相同信仰者不會被世人歧視、以極端報復手段展現「我是不可遭任意欺壓的」。

（四） 設備與保全事件之關係

製造出保全事件是必須要有工具或器具或設備才能達成，威脅事件需要武器，破壞需爆炸物或縱火裝置，非法登輪需交通工具與其他附屬用品，運送爆炸物需運輸工具，海上攻擊更需快速船艇，水底爆破需特殊設備等。

（五） 如何運用設備製造保全事件

1. 一般武器用以搶劫財物或扣押船舶。

2. 爆炸物或縱火方式以破壞港口設施或船舶。

3. 車輛用以運送爆炸物或其他器材。

4. 海上船艇用以攻擊或運送設備及人員。

5. 潛水設備用以實施水底破壞。

七、利用船舶本身作為製造損壞或破壞之武器或工具

該保全事件應視為嚴重的恐怖攻擊事件與行動，其破壞之規模可造成國家社會局勢動盪以及不安，以 911 恐怖分子利用飛機進行恐攻為例，在行動前透過縝密之計畫，先後對紐約雙子星大樓實施攻擊，並造成該事件人員嚴重傷亡，也使美國造成經濟損失及人心恐慌，從該事件過後開始重視運輸工具的安全；相同事件如發生在海上運輸行為時，可能預設情況有：

1. 扣押重要人質在船舶上。

2. 在重要航道上製造擱淺事件，以影響船舶運輸行為等活動。

3. 在港口航道上製造擱淺事件，使船舶無法進行進出港運作。

4. 在船舶上裝置爆炸物，作為威脅工具。

八、從海上攻擊停靠或錨泊之船舶

該恐怖活動應屬跨區域恐怖活動，有其特殊目的或標的物，通常視為一種偷襲手段或行為，類似像第二次世界大戰時，日軍偷襲美國海軍珍珠港基地，因船舶當時皆屬於泊靠狀態，在來不及備戰及反應狀況下，進而造成人員傷亡及艦艇毀損，現今狀況類似船舶在錨泊期間，雖有安排人員於駕駛臺當值，但從發現可疑目標接近時已為時已晚，所以若是從海上攻擊錨泊船隻可能發生情況如下：

1. 利用快艇裝載爆炸物。

2. 利用快艇裝載縱火物。

3. 水底安裝定時爆炸物。

4. 水底破壞船體造成慢速浸水。

九、從海上攻擊船舶

該攻擊模式通常為一般搶劫或攻擊等行為或手段，就如船舶航經海盜出沒區域時，利用漁船作為掩護，當鎖定目標後即派出小船或快艇接近航行船隻，若船舶不配合停船，將採取更進一步強行登船或使用武器攻擊船舶，現今模式多為海盜居多，可能發生情況如下：

1. 利用快艇發射爆炸性武器。

2. 利用快艇裝載縱火性武器。

3. 利用其他可能方式發射爆裂物。

4-4 UK P&I 船舶保全實施概要

船員對於船上各項船舶保全措施應全般了解，在平時的訓練及操作練習時應列入重點宣導項目，在當面臨相關安全威脅時，即能臨危不亂的解決危機，

並且從中檢討不足之處,作為下次改進與預防措施之參考,並不斷發現問題進而解決問題。

以下針對英國船東互保協會(UK P&I)所提供之各項保全實施建議,來進一步了解船上相關之保全措施實施要領。

一、船舶第一道防線

(一) 舷梯

通過舷梯的設置,確保住宿區以及該船上的所有其他相關區域更為安全,在這種輕便型鋁製門和屏風設置的情況下,船舶進出口僅只有一個門,如圖 4-1 所示。它透過一個連接卡槽固定裝置固定在船舶的欄杆上,它的特點為重量輕,容易拆裝卸,一旦船舶停泊於岸邊時,門可以只能從船舶的內部打開。

舷梯口之門上有掛有明確的「安全提示」和警鈴感應設備,若有人企圖由外開門或從門旁兩側爬入時,警鈴聲伴隨著警示閃光將會提醒梯口之值班人員注意。

❷ 圖 4-1　輕便型鋁製門安裝舷梯示意圖
資料來源:UK P&I Club ISPS-Ship Security

(二) 錨鏈孔蓋

錨鏈孔蓋應於靠泊或錨泊期間固定好,避免人員從由海上經由錨鍊孔進入船舶,如圖 4-2 所示。

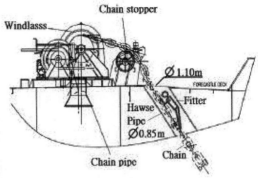

圖 4-2　錨鍊孔蓋安裝示意圖
資料來源：UK P&I Club ISPS-Ship Security

（三）　監控訪客或登輪人員

　　梯口當值人員於當值期間遇有訪客登輪時，於安全門外必須確認其登輪人員身分，如圖 4-3 所示。並依規定要求出示相關工作證明文件或識別證，再由值班人員進行登輪訪客人員清單檢查名單核對，若該訪客沒有在名單內，須詢問其登輪目的並立即通知船舶保全官或是船長。

圖 4-3　訪客管制示意圖
資料來源：UK P&I Club ISPS-Ship Security

二、訪客登輪的檢查

（一）　訪客登記與紀錄

　　訪客完成相關身分核對及檢查後，於「訪客登記簿」上須確實記錄登輪的日期以及時間，並立即通知被訪部門人員派人至梯口引導，訪客在船期間，當

值人員也應於固定時間以無線電方式聯絡船上陪同人員，以確定該訪客目前行蹤與動態，在梯口人員交接班時，亦須把目前船上訪客人數列入交接事項，如圖 4-4 所示。

❯ 圖 4-4 梯口當值人員管制示意圖
資料來源：UK P&I Club ISPS-Ship Security

（二） 身體檢查技巧

在某些特殊情況下（保全等級提升時），身體搜查可能是必要的，在船上對於人身的檢查最好是以手持式電子設備為之，如圖 4-5 所示。盡量避免有關肢體上碰觸以避免不必要之誤會與衝突，所以當值人員的檢查態度至關重要，需有賴於平時的訓練與檢查技巧之練習。

❯ 圖 4-5 梯口當值人員檢查示意圖
資料來源：UK P&I Club ISPS-Ship Security

（三） 隨身行李的檢查

如果訪客登輪有攜帶個人行李時，需要求將其打開檢查，如圖 4-6 所示。但最好的方式為請訪客自行打開行李，檢查人員以目視方式確認即可，唯須注意行李包內或許藏有暗袋，檢查期間切勿馬虎避免流於形式，待所有檢查完畢後，請訪客給予個人之有效證件換發「登輪臨時訪客證」，在訪客完成船上工作離船時再將證件換回，以避免在未換證的情況下無法掌握其訪客行蹤。

◆ 圖 4-6　行李檢查示意圖
資料來源：UK P&I Club ISPS-Ship Security

（四） 文件記錄須完整

所有來訪者的記錄都應該保持紀錄清楚，港口國管制官員或港埠設施保全官到船檢查時，希望藉由訪客登記簿掌握人員上下船狀況，這些訪客登記相關文件須比照甲板日誌妥善保存，所有項目均以墨水筆書寫清楚且清晰易讀，如圖 4-7 所示。避免使用鉛筆書寫以免被擦拭或塗改等問題產生。

◆ 圖 4-7　訪客登記簿示意圖
資料來源：UK P&I Club ISPS-Ship Security

（五） 船舶物料檢查

在供應商將船舶物料送船後，需通知當值船副或管輪至梯口進行清點，此時將船上「物料申請單」與廠商「送船物料清單」做核對，在沒有完全確定品項及數量之前，切勿完成簽收程序，若現場無法確認時，必須立即通知各甲板（大副）或機艙（大管輪）等負責人員前往處理，切勿在無清點之狀況下將物品隨意丟置船上，物品暫放區應選擇在安全之處所，驗收完畢後須立即放至物料儲存間，如圖 4-8 所示。

❱ 圖 4-8 　物料清點與檢查示意圖
資料來源：UK P&I Club ISPS-Ship Security

三、電子設備的監控

（一） 電子監控設備輔助監控

電子監控設備可隨時掌握船舶內部區域狀況，如圖 4-9 所示。也可以得知訪客在船舶內移動的路線，相關的影像記錄會存放在監視器主機之硬碟中，裝卸貨期間當值船副除執行貨物作業外，對於船舶安全的監控非常有用，甲板巡邏期間亦須注意監視器的狀況，避免遭人為破壞。

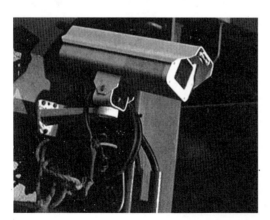

❱ 圖 4-9 　船舶監視器示意圖
資料來源：UK P&I Club ISPS-Ship Security

（二） 無線電通信

梯口當值人員須隨時配戴無線電對講機，以方便與當值船副聯繫，當執行甲板巡邏前須告知當值船副，並派遣接替人員暫代梯口勤務，巡邏期間發現可疑人、事、物應立即回報，切勿自行處理，如圖4-10所示。

> 圖 4-10　發現可疑物品示意圖
> 資料來源：UK P&I Club ISPS-Ship Security

（三） 利用電子儀器檢查人員與行李

此項設備主要使用在客（郵）輪登船處供檢查時使用，為節省人力及縮減檢查時間，利用安檢門及金屬探測儀可有效且快速地檢查大量的人員與行李，唯相關操作設備之人員要經過專業的訓練，才能經由儀器識別是否有危險物品藏匿其中。如圖4-11所示。

> 圖 4-11　安檢門及金屬探測儀示意圖
> 資料來源：UK P&I Club ISPS-Ship Security

（四） 登船證或船員識別證

在許多客船或郵輪上，在登船處設有可提供旅客使用登船證或船員識別證刷卡的設備，藉此可過濾是否持有效證件登輪，唯系統辨識同時也須人員在旁配合檢查，此項設備用於大量檢查人員身分識別使用，也可有效管控上船人數，如圖 4-12 所示。

❷ 圖 4-12　登船處之刷卡設備示意圖
資料來源：UK P&I Club ISPS-Ship Security

（五） 警報系統

目前航行於國際航線船舶在 SOLAS 的規定下都必須安裝有「船舶保全警示系統」，在本課程第三章船舶保全設備中已經有明確描述其使用時機及功能，相關的測試及發送程序主要負責人員為船舶保全官（大副），但其他當值航行員（船副）亦須了解及熟悉操作程序，其他船員也須了解其發報點位置，如圖 4-13 所示。

❷ 圖 4-13　警報系統按鈕示意圖
資料來源：UK P&I Club ISPS-Ship Security

四、船舶進入點

（一）船員住艙之防護

因甲板區屬於船上開放空間，人員於甲板區活動時較不易管制，若將船舶甲板公共區域與住艙做明顯區隔，並設置鐵門安裝門鎖以確保住艙區域安全，平時靠泊碼頭期間也可以防止未經授權人員由其他樓層進入住艙區域，如圖 4-14 所示。

> 圖 4-14　住艙區通道安裝鐵門示意圖
> 資料來源：UK P&I Club ISPS-Ship Security

（二）住艙外部樓梯

由於住艙外側樓梯皆可以從主甲板前往各甲板層，船舶於航行時當值人員實難隨時監控這些地點，若在住艙外部樓梯設置鐵門，航行期間若遇海盜或小偷登輪，亦可以有效阻擋或減緩進入住艙或直通駕駛臺之可能，如圖 4-15 所示。

> 圖 4-15　住艙外部樓梯安裝鐵門示意圖
> 資料來源：UK P&I Club ISPS-Ship Security

（三）提高安全措施

船舶上的某些重要設施，需要額外的安全措施與保護，如二氧化碳間、緊急發電機房、電瓶間、油漆庫房、氧氣乙炔儲存室及相關物料庫房等，這些地點均屬獨立並位於住艙外區域，亦為船舶之重要設施，故必須提高安全警覺並採取防護行動，如圖 4-16 所示。

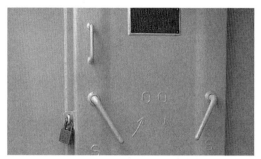

> **圖 4-16　重要設施防護示意圖**
> 資料來源：UK P&I Club ISPS-Ship Security

（四）　船舶空艙

　　船上空艙(void spaces)經常在檢查過程中被忽視，以往偷渡案例中就有人員藏匿其中而未被發現，空艙在船上屬危險之封閉艙區，不適合人員長時間工作停留，此時若沒有進行適當的通風容易發生意外，為方便該區域之識別，可利用簡單的紙膠帶將四周加以固定，以確定是否遭人破壞或闖入，如圖 4-17 所示。

> **圖 4-17　空艙防護示意圖**
> 資料來源：UK P&I Club ISPS-Ship Security

五、門鎖及密碼鎖裝置

（一）限制區內上鎖

為了管制船上限制區域的人員進出，可將門鎖改裝成密碼鎖，該密碼僅限船上幾位負責該區域人員知道，密碼隨著人員調整也能隨時地更新，如圖 4-18 所示。

▶ 圖 4-18　密碼鎖裝設示意圖

資料來源：UK P&I Club ISPS-Ship Security

密碼門鎖亦須具備以下功能：

1. 當船舶在遭遇危急（如火災）須緊急撤離時，需能從門內快速開啟並逃離。

2. 當密碼鎖被從門外破壞時，門內需另有門栓裝置，以防入侵者闖入。

3. 密碼鎖若屬電子式產品，須有獨立之供電或更換電池之裝置，如圖 4-19 所示。

▶ 圖 4-19　門鎖內外裝置示意圖

資料來源：UK P&I Club ISPS-Ship Security

（二）甲板儲存室上鎖

　　甲板區之儲物間通常為船舶備品存放位置，這些區域通常離住艙位置較遠，如船艏水手長庫房(Bosun Store)，平時靠泊期間須隨時保持上鎖，在進行甲板巡邏時需注意各庫房上鎖狀況，避免物料遭竊或有人員藏匿其中，如圖 4-20 所示。

● 圖 4-20　甲板儲物室上鎖示意圖
資料來源：UK P&I Club ISPS-Ship Security

05 Chapter

防止海盜、偷渡及走私行為

恐怖份子(Terrorist)是一般對恐怖組織中的成員一種稱謂,恐怖組織的定義是指以暴力恐怖為手段,從事危害社會安全,破壞社會和諧穩定,危害人民及群眾生命財產安全的恐怖活動,其組織具有一定的領導層級及分工體系,他們都具有共同的信仰,並同時擁有先進的武器或武裝力量,其行蹤難以捉摸,這也使其他國家在對於防止恐怖攻擊事件皆處於被動形勢。

現今的恐怖份子犯罪多以船舶進行走私及偷渡等行為,並將具有攻擊性之武器運往目的地,進而使該地區陷入動盪及不安而達到恐怖威脅之目的,另外在海盜行為攻擊之模式,目前最常見者為脅持船隻或船員勒索贖金,事態嚴重者可能利用船舶實施港口設施之破壞,因此在船員對於保全意識與職責在充分了解及認知下,應將全力履行船舶保全之義務,以防止恐怖份子對船舶進行恐怖行為之發生。

5-1 海盜或武裝搶劫

一、海盜定義

海盜或可稱為海賊,是指海上的強盜。指在沿海或海上搶劫其他船隻財產的人,只要是落後貧窮及政局動盪不安的沿海國家就會有海盜出沒,海盜大部分被認定為罪犯,現代的海盜則是受國際公約規範為共同敵人,締約國只要有意願或遭受威脅可無差別攻擊海盜。

1958 年聯合國公海公約第 15 條定義海盜行為是:

1. 私人船舶或私人航空器之海員、機組成員或乘客為私人目地,對下列對象所從事的任何非法之強暴力(Violence)或扣留(Detention)或任何掠奪行為(Act of Depredation)。

   (1) 公海上另一船舶或航空器,或其上的人或財物。

   (2) 在任何國家管轄範圍以外的地方對船舶、航空器(Pirate Ship or Aircraft)、人或財物。

2. 明知船舶或航空器成為海盜船舶或航空器的事實,而自願參加其活動的任何行為。

3. 教唆(Inciting)或故意(Intentionally)於本條第一款所稱之行為。

二、世界三大海盜區域分析

目前全球三大海盜最為猖獗的海域：亞丁灣海域（索馬利亞海盜）、西非海域（幾內亞灣海盜）、東南亞海域（麻六甲海盜），說到海盜近幾年大家最為耳熟能詳的，莫過於全球惡名昭彰的「索馬利亞海盜」了，從實際真人真事改編的電影「怒海劫」到臺灣委外營運的油輪被攻擊，以及臺灣漁船輪機長被劫持後成功獲救等新聞，不時出現在報章媒體上，都可以看出船隻通過這個海域時（位於葉門和索馬利亞間），須冒極大的風險，然而到了 2016 年期間，西非的幾內亞海盜已經取代東非索馬利亞海盜，儼然成為全球最危險的海域。

（一）亞丁灣海域

以亞丁灣為例，每年經過的船舶最少約 2 萬艘，有 14%海上貿易與 30%的石油運輸必須經過亞丁灣通往地中海，但為什麼索馬利亞會海盜盛行呢？除了當時外國勢力介入索國的內政問題外，其實從另一方面來說，也包括世界列強長年掠奪海上資源、甚至部分歐美國家在此海域傾倒核廢料，導致海洋資源嚴重受損，當地居民蒙受極大的漁獲損失，也因此在許多當地人的眼裡，長期掠奪海洋資源的西方強權，才是真正的「海盜」。

於是當地漁民為了表示長期遭受壓迫及不滿，對於那些越界侵入索國捕魚的船隻，實施驅趕或沒收其捕獲之漁貨，長久下來此行為慢慢變了調，當地人發現扣留船隻可獲得為數不少的贖金，進而越來越多人鋌而走險加入這個工作，而形成越來越猖獗的局勢。

有些航商為了保險起見，在通過亞丁灣前僱用了武裝保全人員於船上，以降低船隻遭跟蹤或被追擊之危險，近幾年在國際海事組織呼籲的情況下，各國海軍分別派出軍艦至該區域護航及巡邏，並建立了「海事保全巡邏區」的機制，使得索馬利亞海盜的犯罪比例逐年下降。

（二）西非海域

其實，目前真正海盜猖獗的所在地區是東南亞及西非海域，在國際商會(International Chamber of Commerce; ICC)官方網站上面，可以看到每年關於海盜攻擊案件的分布區域圖，而在 5-1 圖所示，可以清楚看見（2018 年）的東南亞海域，和西非沿岸的海盜案件數，均已經遠超東非亞丁灣海域，成為全球海盜最為猖獗的地方。

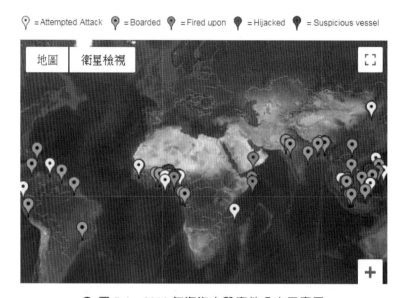

= Attempted Attack = Boarded = Fired upon = Hijacked = Suspicious vessel

地圖　衛星檢視

圖 5-1　2018 年海盜攻擊案件分布示意圖

資料來源：International Chamber of Commerce; ICC 官方網站

早在 2012 年時就有臺灣船員命喪幾內亞灣，當時四維航運旗下之巴拿馬籍貨輪（天維輪），於 2 月 13 日凌晨在西非外海遭 8 名海盜持槍攻擊，當時海盜登船後搶走筆電跟保險箱，中國籍船長跟臺灣籍輪機長在此事件中不幸身亡。

在西非海盜越來越猖獗的原因多半與貧窮脫離不了關係，其中奈及利亞是最明顯的例子，奈國為幾內亞灣第一大國，該國有 75%的外匯都是來自當地豐富的石油資源，然而石油產業雖給政府和跨國公司龐大利益，但卻沒有給當地人民同樣受益，由於過度開採石油導致海洋及陸地遭到嚴重的汙染，加上外來遠洋船隊大規模濫捕，使得幾內亞灣漁業枯竭，沿海漁民走上絕路進而鋌而走險就開始以偷取石油為業。

近來國際油價轉低，海上集團犯罪重點又從偷油轉為擄人勒贖事件，根據BBC 引述國際海事局統計，2019 年全球海盜勒贖事件有 90%的人質都是在幾內亞灣被綁走，2019 年最後一季就有來自 6 艘貨輪及 64 名船員被劫。

（三）東南亞海域

近年來素有「海盜新樂園」的麻六甲海峽，榮登目前全球海盜最為猖獗的區域，（紐約時報）曾經在 2016 年就報導過，東南亞海盜問題已取代東非索馬

利亞,已經成為全球海盜最猖獗的地區。其實在更早 2015 年底,臺灣的海巡單位也對此區域經常發生之海盜事件提出示警。

目前根據各案件統計報告結果,「東南亞海盜」的來源國,以印尼、馬來西亞、菲律賓等為主,甚至也有跨國組織的存在。而該海域海盜的目標,除了搶奪錢財和船上物資、抽取船上油料之外,更有多起(且越來越頻繁)的綁架、挾持與殺害人質事件,甚至根據各國警方調查,不排除近年部分此海域海盜,有與伊斯蘭國(ISIS)掛勾的跡象。

以菲律賓海域蘇祿海(Sulu Sea)至西里伯斯海(Celebes Sea)而言,遍布許多無數小島和離島,因此群島國之「國境線」亦十分複雜不易管轄,許多小島了當地海盜藏匿的空間,他們潛伏於島與島的水道或國境交界處,以來往的商船為目標,偽裝成漁船或小船販賣漁產品為由接近後,利用竹竿或梯子登船。所持武器大部分皆為刀械或土製手槍或炸藥為主,很少有如索馬利亞海盜般的「AK-47 步槍或 RPG 火箭推進榴彈」等武器,但是對沒有任何武器防備的船員來說,同樣非常危險。

三、海盜典型攻擊方式

1. 海盜通常使用「母船」(一般是拖網漁船)作為掩護,並攜帶兩艘或多艘航速在 25~30 節左右之小船,並配有步機槍和槍榴彈等武器,對過往商船發動襲擊,他們在鎖定目標後經常從船艉靠近目標,因通常靠近船艉乾舷較低,可使登船困難度減低。

2. 「母船」另外一個用途即為運載人員、設備、補給和小型快艇,使海盜能在離岸更遠的海域發動襲擊。

3. 海盜將他們的小艇緊跟目標船舶,以便時機成熟之後緊貼目標船然後登船,一般海盜會用綁有掛鉤的繩子,或使用輕便型長梯掛住船舶甲板欄杆,海盜成功登船後會直接前往駕駛臺,進而控制整艘船舶,一旦控制了駕駛臺,海盜會將船舶減速或停船以便讓更多的海盜登船。

4. 海盜襲擊的時間可能發生在黎明時刻,在夜晚時通常也會發動襲擊,但此狀況並不常見。

5. 倘若海盜在使用輕型武器令其減速或停船時無效時，通常會使用火箭推進榴彈(RPG)來脅迫船長放慢船速或停船，以便讓更多的海盜登船。無論當時情況如何，應盡可能維持船速是非常重要的，並避免使用大舵角轉向以免船速驟減。

四、海盜對海運之影響

以亞洲地區為例，2020 年海盜活動有急劇增加趨勢，根據亞洲地區反海盜及武裝劫船合作協定(ReCAAP)在 7 月初發布的半年度報告，2020 年的前 6 個月，亞洲地區海域記錄了 50 起海盜事件，是 2019 年同期報告（25 件）的兩倍。而這些襲擊中，絕大部分都發生在東南亞海域。

原因來自很多個層面，首先東南亞海域的地理位置提供給海盜絕佳發展的機會，諸如前面所述，東南亞海域島嶼眾多成為海盜藏身之處，已成為海盜作案後提供了優良的條件，除了這些條件外，這裡還是印度洋至太平洋航線的連接點，如圖 5-2 所示。在這些島嶼之間有著眾多的海峽與內海，這些內海與海峽塑造了眾多天然港口與航運要道，在新航路開闢後便成了東西的重要交通樞紐，來往商船眾多，貨物價值高昂，目前又缺乏武裝保護措施，是最好的襲擊目標。

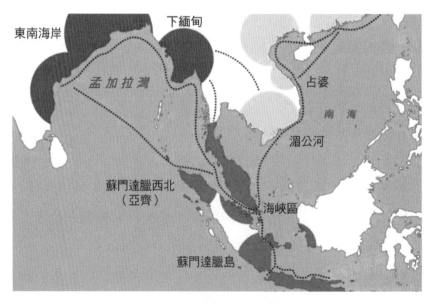

> 圖 5-2　東南亞地區航運樞紐示意圖
資料來源：https://www.stockfeel.com.tw/

　　東南亞的多數船隻都是在航行過程中被搶劫的，原因是因為與附近海域的地理位置及地形相關，例如 70%海盜事件是發生在麻六甲海峽，他的地形形狀有如一個漏斗，從西北寬闊處向東南延伸逐漸變得狹窄，最窄處寬度不超過一海浬，如圖 5-3 所示。並且海峽東南尾部存在眾多島嶼和暗礁，船隻航行至此，為避開密布的暗礁一般會減速，這時便是海盜行動的良好時機。

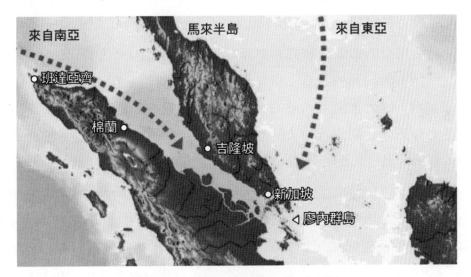

◆ 圖 5-3　麻六甲海峽附近海域示意圖
資料來源：https://www.stockfeel.com.tw/

　　印尼的廖內群島便位於這一狹窄的區域，島嶼上植物遍布，島嶼間又是眾多狹窄的水道和珊瑚礁，島上還居住著漁民，可謂海盜偷襲之前的理想藏身之所。反觀其他地區的海盜，如西非海域的海盜，為降低作案難度，主要的作案對像是停泊在港口的船隻。

　　海盜的攻擊行為對人身及船舶安全已然造成威脅，其次也對東南亞航運業造成了不良影響，航運業已經成為東南亞一些沿海國家和地區的重要的經濟命脈，海盜活動的猖獗影響了東南亞港口的運作，嚴重時還可能導致東南亞國際航道關閉，最後，當地海盜集團通過利益關係收買政府官員，導致政府貪汙腐敗，間接破壞了東南亞的政治穩定。

五、國際對海盜抵制之作為

國際上目前的反海盜措施主要包括「國際法律」和「國際合作」兩個層面，在國際法律方面，主要是以 1982 年的（聯合國海洋法公約）和 1988 年的（制止危及海上航行安全非法行為公約）及其修正案作為反海盜法律之依據；而在國際合作的層面上，聯合國國際海事組織等政府間組織會開展反海盜集體行動，此外海上保險公司等商業組織也會相互合作，打擊海盜。

然而這些現有的國際法體系在東南亞地區作用有限，儘管上述法律將打擊海盜確立為所有締約國的義務，但並未設立任何專門的從事打擊海盜的代理機構或國際組織，因此東南亞國家的海盜問題還是要靠自己解決，但國家之間的合作也是必須的。正如前新加坡總理所言，光依賴單一國家的行動是不足以應對這些威脅的，海洋是不可分割的，海上安全也是沒有邊界的。

1992 年，新加坡和印尼、馬來西亞達成協議，開始展開打擊海盜的聯合行動，三國的代表每年都會招開會議檢討有關航道安全的問題，各自的海軍和警察部隊還建立了交流網絡，並實施聯合巡護任務，共同出海打擊海盜等等。2001 年時，新加坡和印尼達成新協議，允許對方在自家海域內追捕海盜，擴大船員權利等。

六、船舶於海盜區內行動要領

（一）進入海盜區前之準備

1. 船上須備有船舶保全計畫，內容須包含防範海盜之行動準據，船員之應急措施準備及相關事故報告程序等。

2. 船員須了解海盜之危害性，如果能及早發現可疑船舶意圖，通常是抵制海盜攻擊之成功關鍵，然而有時若採取攻擊性之行為時，可能會帶來更大危害。

3. 船舶住艙對外區域之任何通道都必須固定並上鎖，使海盜不易進入船舶住艙區域。

4. 在不影響運務及航線規劃許可情況下，應盡量避開海盜常出沒區域，並避免漂航或錨泊。

5. 抵達海盜區前船舶保全官應制定防盜計畫，並依循公司之保全指示加強船員訓練及相關防盜設施之檢查。

6. 船舶若抵達海盜常出沒之國家時，在錨泊或靠港期間應隨時注意人員上下及貨物資料之管制，上船人員之監視與蒐證將有利於減低海盜行為及罪犯動機之產生。

7. 離港前確實執行開航前保全責任區搜索及檢查，並注意船舶重要設施部位的門禁狀況，遇有可疑情形需立即向船舶保全官回報，不可貿然開船。

8. 泊港期間負責船舶保全當值人員應隨時與港口設施當局保持連繫。

9. 當船舶利用無線電發出已知被海盜跟蹤之訊息，並立即用燈光或聲響警示，將有利於嚇阻海盜攻擊行為。

10. 駕駛臺增派瞭望以及船艉部署防盜巡邏人員，使用低光度攝影機或者是星光夜視鏡可有助於可疑小型船隻之監控。

11. 保持雷達監控，如發現尾隨、同速及平行航行小船時須保持警覺，一旦目標靠近時，須立即展開防盜部署及準備，以確保人員安全。

12. 經常航行海盜區之船舶，應考慮安裝更有效之防盜裝備，如拒馬或刺絲網、紅外線熱像儀或星光夜視器等，俾能及早在夜間得知攻擊之危險。

13. 海盜區內與指定當局使用遇險及安全頻道保持無線電聯繫，並守值接收強化群體呼叫(EGC)與航行警告電傳之(Navtex)安全信文。

14. 在海上遭受海盜攻擊之報告，應向該海域相關之搜救協調中心聯繫，以有效傳達至適當之保全機構。

15. 所有海盜或恐怖份子事件之最初及後續報告必須以標準格式實施。

16. 在不影響航行安全之條件下，使用最大照明燈光。

17. 當採取保全措施致使船舶安全與保全發生衝突時，必須以安全要求為主，並對船舶保全採取其他預備措施。

18. 可考慮對各層住艙甲板通道或出入口安裝攝影機(CCTV)系統；以掌控船舶各區域狀況。

19. 挾持及脅迫船員常為海盜為求控制船舶經常使用方式，夜間非必要人員勿離開住艙區，在外面當值巡邏人員必須保持聯繫，如遇緊急情況時要明白其撤退路線及兼顧自身安全。

20. 若船舶遭遇攻擊時，在住艙內應規劃集合位置（可為駕駛臺或機控室等）；以便人員清點及集體行動。

21. 煙霧或火焰信號僅用於船舶已遭劫持，並遭到嚴重而有急迫之危險需要立即之援助時方可使用，切勿當作反擊武器使用。

（二）進入海盜區後之應變

1. 發現疑似海盜時：

(1) 持續掌握及監控，並通知船舶保全官及船長。

(2) 若發現可疑目標並研判有攻擊行動之虞時，應利用船舶報位系統格式（最初報告），透過搜救協調中心(RCC)通報沿海國，若目前所遇狀況可能直接影響航行安全時，應考慮發送危險信文以警示附近船舶，並在工作頻道以安全等級(Securite)用明語廣播。

(3) 通知所有船員完成船舶保全部署，並檢查所有防盜裝備是否備便。

2. 海盜採取行動時：

(1) 當船長發現目標船已經採取明確行動時，應立即連絡搜救協調中心或指定之海岸電臺，並以 VHF CH16 發送緊急信文(Pan Pan)，並使用 VHF 之 DSC 發送(Urgency)緊急呼叫，若已發送上述信文或呼叫而未發生攻擊事件，則應立即取消之。

(2) 通知船員進行準備，並採取進一步措施，如果當時水域環境許可，應使用最大船速繼續前進。

(3) 利用燈光信號（信號燈或強力探照燈）警示該可疑目標，表明已經發現其企圖及行蹤。

(4) 持續利用音響信號（汽笛）提醒附近船舶，也可達到鎮嚇效果。

3. 海盜展開攻擊時：

(1) 若攻擊已經發生，並造成嚴重損害和立即危險需要援助時，船長則應立即發送遇險信文，信文應以(Mayday)開頭發送，並盡可能按下所有航儀之緊急遇險發送鈕。

(2) 立即按下船舶保全警示系統(SSAS)按鈕，使公司保全員立即得知並同時
協助處理。

(3) 在航行安全許可情況下，可利用手操舵方式使船體產生造浪推擠效應，
並藉由船體的移動阻滯海盜船接近本船，操舵時舵角不宜過大以免降低
船速。

(4) 水柱之使用壓力最好在 6 kg/cm^2 以上效果最好，除可擊退海盜外，亦可
造成海盜船積水以及機電設備之損壞，並可達到影響海盜視線等效果，
但需注意操作人員之安全。

(5) 以上避難操船及水柱之使用，必須在船長確定有把握逼退海盜及保證所
有船員均無危險之情況下方能使用，若海盜已登輪並脅持船員時則不可
運用，以免招到報復。

4. **海盜成功登船後：**

(1) 海盜一般上船後通常會採取較其威脅與暴力之行為先發制人，沒必要時
千萬不要反抗，尤其是剛經過登輪期間船員的反制行動已使海盜心生不
滿，此時如貿然行動勢必會有生命危險。

(2) 船長及船員之行動要領：

a. 確保船上人員之最大程度安全，應盡可能避免人員傷亡。

b. 確保船員對船舶之控制，若海盜令其減速或停船，在不危及人員生命
之狀況下應盡力配合。

c. 盡可能配合讓海盜達到目的後離開船舶。

(3) 海盜登船後如暫時被阻擋於安全區外時，在確定安全區阻隔設備尚未被
破壞及人員未被挾持的情況下，船舶仍應繼續航行以增取時間等待援
助。

(4) 突圍時機：

a. 評估對船員無危險。

b. 確定海盜在船上的位置。

c. 確定海盜無攜帶致命武器，如槍械或砲彈。

d. 船員人數占絕對優勢時。

e. 船員平時訓練有素，且彼此有良好默契時。

(5) 突圍注意事項：

　　a. 若海盜無攜帶槍械等武器，則使用水柱突圍的勝算增加。

　　b. 突圍之目的是為了迫使海盜退回海盜船上。

　　c. 突圍過程中切勿使自己介於海盜及海盜船間之位置。

　　d. 切勿企圖逮捕海盜。

　　e. 所有人員必須集體行動，不可有人落單。

　　f. 倘若有人被海盜挾持住，船上原本的優勢瞬間化為烏有。

　　g. 與駕駛臺保持連繫。

　　h. 當撤退路線受到威脅時，必須召回突圍組人員。

　　i. 若船員逮捕了海盜，應及早送交沿海國保全單位，並移交所有犯案證據。

(6) 海盜取得船舶控制或挾持人員：若海盜已控制駕駛臺或機艙等設施，並挾持人員或對船舶安全造成威脅時，船長應保持冷靜並尋求：

　　a. 尋求與海盜談判的機會，並確保不致危害人員安全。

　　b. 人質釋放，達到目的後釋放被挾持人員。

　　c. 在盡可能滿足海盜之情形下盡早讓海盜離船。

(7) 海盜開始收刮財物：要使海盜相信全船有價值之錢財、物品以盡數交出，船舶以及船員已無利用之價值，並規勸及早離船。

(8) 海盜準備離船時，船員應待在安全位置等候，切勿獨自行動。

(9) 海盜確定已經離船後，鳴放信號通知船員。

(10) 事故後之報告：

　　a. 事故後完成船舶報告格式（後續報告），經由搜救協調中心轉送沿海國之保全單位。

　　b. 事故中若有人員傷亡或船舶損壞，亦需發送報告給主管機關。

　　c. 保存監控攝影像或其他有關紀錄，保留被破壞的現場以待鑑定。

　　d. 完成與海盜有接觸之所有船員的個別報告，包含完整接觸經過及描述。

　　e. 製作損失設備及物品財產清單。

　　f. 配合沿海國官員之調查，提供資料與紀錄。

g. 任何海盜事故或未遂事件必須盡早報告沿海國，以利採取行動掌握逮捕海盜之可能。

h. 海盜如果攻擊失敗，亦須完成相關報告給搜救協調中心、沿海國及主管機關。

🔍 **案例研討**

快桅海運－阿拉巴馬號貨櫃船

　　這是一起發生在索馬利亞海域的海盜搶劫事件，2009 年 4 月 8 日，隸屬全球最大貨櫃船公司－丹麥「快桅海運(Maersk)」又稱「馬士基海運」旗下一艘名為阿拉巴馬(Alabama)貨櫃船，當時由吉布地共和國(Djibouti)之吉布地港出發前往肯亞的蒙巴薩港(Mombasa)，在當地早上 7 點 30 分時，於索馬利亞外海約 240海浬（440 公里）處，如圖 5-4 所示，遭遇海盜攻擊。

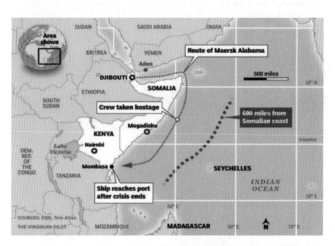

❯ 圖 5-4　馬士基貨櫃船遭遇海盜攻擊示意圖

資料來源：網路圖片下載

　　當時船上載運有聯合國世界糧食計畫署大批要供給索馬利亞、烏干達及肯亞難民的糧食物資，原定 4 月 16 日抵達肯亞蒙巴薩港，卻遭遇 4 名手持 AK-47 步槍的海盜駕駛快艇靠近，如圖 5-5 所示，並對船舶實施攻擊，導致船長因此淪為人質，美國海軍得知此消息後於 4 月 12 日開始展開營救行動。

● 圖 5-5　馬士基貨櫃船遭遇海盜攻擊示意圖
資料來源：網路圖片下載

　　據當時船上二副昆恩(Ken Quinn)表示，當時船員奮力與海盜搏鬥，最後取得貨輪的主控權；船長菲利普斯(Richard Phillips)則說服海盜離開貨輪並與海盜登上救生艇，船員後來挾持其中一名海盜長達 12 小時，並與另3 名海盜談妥交換人質，但船員釋放海盜後，船長菲利普斯仍未獲得釋放。

　　此時船員只能駕駛貨輪跟隨在救生艇後方，並且以無線電與救生艇上的船長跟海盜聯絡交涉，並以提供救援糧食作為交換，但是未起任何作用，直到在亞丁灣巡防的「班橋號(Bainbridge)」飛彈驅逐艦抵達救生艇附近時，如圖 5-6 所示，救援計畫就此展開。

● 圖 5-6　美軍班橋號飛彈驅逐艦救援示意圖
資料來源：網路圖片下載

　　海盜專家密道頓(Roger Middletton)分析，4 名海盜正處於困境，因為手中有一名人質，且在美軍壓境下無處遁逃，也勢必不敵，他們如果想將人質帶回索馬利亞，途中極可能遭遇攔截，但若將人質交出必然被捕，雖然後來成功救回船長，海盜也因此遭到擊斃，但並不是所有海盜事件都能圓滿落幕，只要根本問題沒解決，海盜是永遠都不會消失的。

5-2 偷渡或人口販賣

　　海上偷渡通常是指利用船舶作為工具，未經過正常管道之通商口岸入境國內的一種行為模式，船上有偷渡客可能會對船舶營運帶來影響，進而對整個航運業造成嚴重後果，遣返偷渡客是一個非常複雜且耗時的手續，其中將涉及船長、船東、港口當局和代理人，船舶也因此會在港口產生延遲情形，進而影響貨物交付期限及後續賠償問題，也因為他們所藏匿的空間通常屬通風不良的區域，在密閉空間的環境下易累積有毒氣體，如果長時間躲藏其中易有生命的危險。

　　另一個因偷渡而衍伸出重要問題則是人口販賣，根據全球國際刑警組織之分析，人口販運現已成為僅次於毒品和武器走私的全球第三大非法貿易，由於人口販運已成為組織分工細膩的國際犯罪，難以有明確的數據衡量其規模，聯合國毒品和犯罪問題辦公室近期一份資料顯示，全球被奴役人數高達 2,700 萬人，已超過 18、19 世紀黑奴買賣的高峰，受害者中 80%是女性，50%是兒童，許多人口販運的受害者通常來自於貧窮或是工作機會少的國家，但即使是先進國家仍會面臨人口販運的威脅。

一、偷渡

（一）偷渡客之定義

　　依據 1997 年 IMO 第 A.871 (20)號決議案，符合下列兩項條件者，稱之為偷渡客(Stowaway)：

1. 未經船東或船長或其他權責人員同意而潛藏於船上或利用即將裝船之貨物潛入船舶者。

2. 船舶離港後始被發現並經由船長向有關機關報告為偷渡客者。

　　偷渡客有別於尋求庇護者及難民，後二者在國際法規及國內法令之規定處理程序上有所不同。

（二）國際間對於偷渡客處理之指導

　　有鑑於船上發生偷渡客事件，將對船上的安全構成相當之影響，並且涉及偷渡客遣返或收容之複雜問題，國際間雖認同偷渡客之處理需有賴各國密切合作才能達到一定成效；所以在 1957 年通過了「布魯塞爾偷渡國際公約(The International Convention Relating to Stowaways Brussels, 1957)」，但此公約始終未達批准國規定之最低門檻，所以一直未能生效。1997 年國際海事組織(IMO)第 20 會期，通過了第 A.871 (20)號決議案，通過「尋求成功解決偷渡客案件之責任分配指導方針(Guidelines on the Allocation of Responsibilities to Seek the Successful Resolution of Stowaway Cases)」，上述指導方針乃為委員會第 25 會期之建議，IMO 鼓勵各國政府納入國家政策並執行相關指導程序，以有效解決偷渡客問題；決議文中也明確指出，該指導書設立之目的不可成為通融或鼓勵偷渡及非法移民之行為，亦不能減少國際對於打擊人口販賣等行為之決心。

　　指導方針之內容相關重點摘錄如下：

1. 船岸均有預防責任，倘若不幸發生，船上應於到港前通知。

2. 偷渡客未持有要求文件進入他國乃屬非法入境行為，處理此類情況之決定是為該入境國之特有權力。

3. 尋求庇護之偷渡人員必須依國際法定文件及相關國內立法之國際保護原則處理。

4. 適當之搜查可降低案發後處理偷渡客之風險。

5. 偷渡客登輪地之港口國應接受遣返，以便案件審查終結。

6. 各國應盡所有努力，避免偷渡客無限期滯留船上，並協助船東安排適當之遣返國家。

7. 以人道方式處理偷渡客事件，並注意船舶操作安全及偷渡客的權益。

8. 界定船長、船東／營運人以及遣返偷渡客之港口國、偷渡客上船地點之港口國、偷渡客原國籍之港口國以及遣返中之過境國等，在處理偷渡客問題中之權力與責任分配。

9. 船長在處理偷渡客案件之責任：

   (1) 應盡快確定偷渡客登輪港口及其身分與國籍。

   (2) 依本指導書附件格式，製作一份包含所有相關資料之陳述書，並遞交適當權責單位。

   (3) 通報船東、偷渡客登輪地港口國、下一港港口國及船旗國適當權責機關。

   (4) 除非偷渡客之遣返安排已有充份文件並獲允許，或者船舶保全受到威脅，船長不應偏離其預定航程至任何國家尋求偷渡客登岸。

   (5) 依照下一港口之要求，確認偷渡客已交托於適當權責單位。

   (6) 在偷渡客離船前，採取適當措施以確保其安全。

10. 偷渡客若於開航後在船上被發現時，如船舶尚未離開該國領海範圍或停靠該國其他港口的情況下，如果據實的反應與報告，其處理費用通常不由船東負擔，且亦無罰金之產生。

（三）常見之偷渡方式

1. 利用改裝貨櫃中隱藏夾層藏匿。

2. 賄賂港口人員或船務代理進入港區，並伺機由岸側攀爬纜繩上船。

3. 搭乘小船從海側接近船舶，並利用掛鉤或便梯攀爬上船。

4. 持變造文件或工作證假冒廠商或工作人員上船。

　　偷渡客上船後主要可能藏匿的地點除了貨櫃內及大艙外，大概還有煙囪通道、錨鍊艙、水手長庫房、救生艇、甲板儲物間、理貨間、電瓶間、油漆庫房等。

（四） 發現偷渡客後之處置

依據「尋求成功解決偷渡客案件之責任分配指導方針」之第九點（船長在處理偷渡客案件之責任）建議下，應採取以下行動：

1. 查明偷渡客的身分，包括搜身找尋其身分證明文件。

2. 若未能取得所需文件，應將其特徵如膚色、人種、語言、指紋及照片 等，將資料傳送至出發地域下一港之港口，以便查證其身分。

3. 上述資料也應盡速提供給船東及下一港代理行、移民局或 P&I 代表等有關單位，請求協助辦理偷渡客在下一港離船或遣返事宜。

4. 船長應作成詳細之報告交給船東及 P&I 代表，內容包括其所採取的行動與航程。

5. 船舶若返回出發港且偷渡客未能離船時，則須立刻再通知下一港之移民局及 P&I 代表等有關單位。

6. 船籍資料亦須通知有關單位，以利安排偷渡客之離船手續。

7. 偷渡客之身分一旦查明，P&I 將配合其相關代表及使館等辦理相關文件以利遣返。

二、人口販賣

（一） 人口販賣的定義

人口販賣系指以剝削目的為手段，通過暴力威脅或其他形式之脅迫、誘拐、詐欺、欺騙、濫用權力等情形，或通過收受酬金或利益取得對另一人之控制，並使其同意使用招募、運送、轉移、窩藏或接收人員。剝削應至少包括利用他人賣淫進行剝削或其他形式之性剝削，強迫勞動或奴役或類似奴役的做法，以及包括切除器官販賣等。

（二） 人口販賣的問題

人口販賣和偷渡不同的是偷渡是出於個人自願行為，即使不合法的合約可能也不會牽涉到詐騙，當偷渡客抵達目的地時，他們可能獲得完全的自由，或是被要求進行仲介業者安排的工作，以清償偷渡費用；而人口販賣的受害者則

是處於被強迫奴役、賣淫或是被不公平的工作合約壓榨、或是基本人權完全被剝奪，他們可能因當初相信人口販賣業者當初的承諾而上當，或在人身自由上受到強迫限制，一些人口販賣者利用強制手段操縱受害者，例如詐欺、脅迫、愛情騙局、隔離、武力威脅或甚至是利用毒品來控制受害者。

被販賣的受害者通常來自世界上工作機會有限、經濟較貧困的地區，也大多是該社會上的弱勢族群，例如逃家的兒童、難民等；但受害者也可能來自各種社會背景、階層或種族，尋求以非法途徑進入其他國家的人可能會被人口販賣業者選做目標，並通常會忽略自己在抵達目的地時是否能夠獲得自由。

（三） 預防偷渡及人口販賣之措施

為確保船舶航行安全，有效防止偷渡客或人口販賣等犯罪行為，加強船舶保全工作非常重要，根據公司保全工作指導與船舶實際情況，制定船上預防偷渡預防措施如下：

1. 船長及船舶保全官對保全工作共同負責，而由船舶保全官負責執行。

2. 確實執行船舶保全工作的各項規章制度和要求，由公司制定送主管單位核定後，由船舶保全官負責實施。

3. 落實責任制規定，明確規範個人職責，對殆忽職守者追究個人責任。

4. 防止偷渡的關鍵在於事前的預防，船上易被疏忽的區域應加強巡邏及檢查，除詳細分配責任區及分工外，管理者亦須親自檢查及督導。

5. 劃分船員個人保全責任區，應明瞭個人其職責與任務。

6. 船舶離港前，船舶保全官應廣播全體船員實施開航前檢查，如發現問題及時報告。

7. 建立獎懲制度並落實教育訓練，藉由每月船舶保全演習項目驗證訓練效果。

8. 泊港期間船員當值交接班時，將保全責任區域狀況列為交接班的項目之一，並做成完整記錄。

🔍 **案例研討**

　　一輛來自保加利亞的冷凍貨櫃車，從比利時濟布魯治(Zeebrugge)港出發抵達英國的泰晤士河港口柏佛利特(Purfleet)，如圖 5-7 所示，於 2019 年 10 月 23 日凌晨抵達英國埃塞克斯郡(Essex)倫敦以東的工業園區時，發現了該冷凍貨櫃裡頭有 39 具遺體，當地警方指出，這起死亡悲劇極有可能是偷渡移民，但仍須等到遺體身分確認後才能確定，這也是英國繼 2000 年的多佛偷渡慘案後，最為嚴重的貨櫃車死亡事件。

● 圖 5-7　濟布魯治至柏佛利特示意圖
資料來源：網路圖片下載

　　據當時(BBC)報導，39 名死者身上持有中國護照，推測可能是非法偷渡的移民，後來經過多方的調查之後，越南官方在 11 月 7 日證實，39 名罹難者身分都是來自越南，其所持之護照皆為人蛇集團偽造證件，這也使英國社會聯想起發生在 2000 年在多佛港(Dover)慘案，當時在港口發現一輛從荷蘭鹿特丹出發到英國的貨櫃車，運載番茄的貨櫃裡面有 58 名中國偷渡客的屍體、另有 2 名生還者倖存，荷蘭籍的司機隨即被捕，但背後牽涉的人蛇集團偷渡以及駭人聽聞的死亡事件，都讓英國社會極為震撼。

　　比利時濟布魯治港口執行長庫恩斯(Joachim Coens)說明，每個貨櫃在港口都要經過一系列檢查，隨後會貼上封條，行經路線有攝影機監控，要在沒有人發現情況下破壞封條，並讓 39 人進入幾乎不可能，藏身其中方式很可能是在抵達濟布魯治港口之前就進入貨櫃，如圖 5-8 所示。這也

顯示在涉及人口販運時，犯罪集團有可能刻意選擇冷凍貨櫃進行，因為冷凍貨櫃通常更加密封，探測儀不容易檢測到內部熱源，也就不容易發現藏有偷渡客。

> 🔘 圖 5-8　載運偷渡客之冷凍貨櫃車示意圖
>
> 資料來源：網路圖片下載

　　整個事件究其原因，就是英國在脫離歐盟之後不再有（都柏林協議）對難民歸屬的約束，因此英國恐怕很難將從歐陸來的難民遣返，人蛇集團才會以「趕在邊境關閉之前進去」做為偷渡誘因，然而過程除了可能涉及詐騙外，移民的人身安全與人口販賣也成為棘手的難題。

5-3　走私毒品或槍械

　　毒品與槍械走私已成為當前世界上最為嚴重的問題之一，除了影響社會治安外，對國家整體的安全威脅更是不容忽視，因為這兩者皆為非法集團從中獲取暴利最好的方式，通常其犯罪組織分工嚴密、多採單線聯繫及具有高隱密性以及手法多變、跨境越區等特性，且販毒活動經常伴隨著槍械與暴力產生，如果不防堵及阻止，將會造成社會動盪不安及恐慌甚至危害國家經濟的損失。

一、毒品的定義

我國毒品危害防制條例第 2 條之規定，所謂之毒品，在特性上具有成癮性、濫用性及對社會危害性之三大屬性，在種類方面則可以分為麻醉藥品與影響精神物質等其製品，基本上我國對於毒品之分類，與 1988 年「聯合國禁止非法販運麻醉藥品與精神藥物公約（1988 United Nations Convention Against Illicit Traffic in Narcotic Drugs and Psychotropic Substance；以下稱 1988 年毒品公約）」有關毒品之分類，兩者幾乎是完全相同。

毒品是指非使用於醫療用途，而是用在娛樂目的使用，並使人產生依賴性、反覆使用、成癮的精神藥物或麻醉藥物，在東方國家稱為毒品，而西方則稱為禁藥(prohibited drug)。

二、毒品走私常見類型

由於走私毒品有暴利可圖，雖然各國法律對運毒及販毒者科處重刑，然毒梟仍利用各種管道將毒品走私入境，由於海運、陸運及空運的發達，船舶常在毒品製造地區與供應地區之間營運，提供走私者良好的機會，大宗毒品走私是採漁船直運或貨輪轉運等方式為主，小宗毒品則多以僱用人員空運夾帶或以小包方式郵寄，常見的走私類型如下：

1. **體內運毒**：即將毒品（通常為高純度之海洛因）以塑膠薄膜或保險套等，將其包裝成球形或條狀，再沾以潤滑劑吞服於體內，俟闖關成功後，再排泄後取出，以此方式運送毒品所得數量較少，每次最多 1~2 公斤，但須冒塑膠外膜爆裂的危險。

2. **貼身攜帶**：即將毒品分裝後，固定於衣褲、胸罩、球鞋、皮帶或黏貼於身上如腋下、大小腿、腹部或填塞於私處及肛門等方式闖關入境。

3. **行李夾藏**：即將毒品置於行李箱夾層，或偽裝成其他型式物品，以逃避儀器及海關檢查。

4. **船舶密艙**：利用船艙內部艙壁之夾層或機艙、油櫃、鍋爐等隱密處所，靠岸後再私運闖關入境。

5. **進口、轉口貨櫃夾藏：**貿易公司或行號之名義申報進口貨櫃，或利用貨櫃轉口之機會，夾藏大量毒品闖關，若無具體情報，僅透過有關單位以現行的方式抽驗貨櫃，要遏止毒梟利用貨櫃藏毒並非易事。

三、槍械走私問題

槍械武器及彈藥走私等非法之買賣行為，是跨國犯罪組織經常的活動之一，以亞洲地區而言各國黑槍氾濫的源起，菲律賓難辭其咎，菲國對槍械的管制並不嚴格，再加上境內有許多政府勢力管控不及的大型地下兵工廠，可仿冒製造出各類型精良的「副」產品，成為亞洲重要幫派「山口組」、「竹聯幫」的槍械重要來源。

據統計近 4 年來東南亞地區槍械走私近 7 成皆來自菲律賓，主要走私方式除漁船暗艙夾帶或將槍枝零件分解塞入魚的體內外，亦利用商船以進口廢鐵的方式，將槍枝藏於貨艙或是貨櫃內，並利用卸貨停留港口時機，將槍彈攜出後交付特定接頭人士或以郵包或快遞等方式走私槍械。

四、船上非法裝運之可能性

1. 防範毒品及槍械等非法物品藏於船上，船舶保全要求將視其風險特性及程度而定，運送人必須評估威脅，下列因素必須列入考慮：
   (1) 泊靠港口及採取之航路。
   (2) 貨物產地及運輸經過地區。
   (3) 岸上設施所採取之管制層級。
   (4) 至船舶入口之管制程度。
   (5) 船員對於來自走私毒品者之壓力。

2. 如今走私者最常使用方式為多次之轉運，以對貨物之產地國產生混淆而避人耳目，目前已甚少港口被視為安全，而可忽略這些非法物品被放置船上的風險，使用船舶作為非法物品運送之管道乃為船舶最脆弱的地方，而走私者所運用之方法不外乎：
   (1) 公然或隱密的方式上船，將毒品或槍械藏於船上。
   (2) 利用不知情第三者或送船貨物料將毒品及槍械送上船。

(3) 利用船岸人員之共犯將毒品及槍械送上船。

(4) 藏匿毒品於船舶的船體外殼，通常發生於毒品製造地之高風險區。

五、防範毒品及槍械走私措施

（一） 加強船舶保全功能

1. 落實船員之教育及訓練。

2. 與當地海關、警察、港務局等有關機關連繫。

3. 了解非法走私之風險，依據各港資料予以評估威脅並週知岸上人員有效防範。

4. 依據威脅評估，審查目前保全措施。

5. 船上人員維持有效之保全，以避免成為走私者之選擇目標。

6. 貨櫃內貨物之特別警覺，經由與海關之合作，透過資訊分享及系統分析，建立貨櫃風險之機制。

（二） 執行船舶保全措施及程序

1. **岸上保全措施：**

   (1) 有效岸上保全措施之維持與否為決定船上保全措施執行程度之重要因素之一。

   (2) 港口限制區之建立將有利於控制接近船舶及貨物之通道，對於貨物儲存及操作區之範圍控制能力，將直接影響運送人防止走私者使用船舶作為毒品運送之管道。

   (3) 岸上設施應採取下列保全措施及程序：

      a. 各關鍵地點之適當照明。

      b. 適當圍籬或隔離設備。

      c. 出入口控制及身分識別。

      d. 貨物區保全巡邏及連繫。

      e. 檢驗空櫃結構改裝之程序。

      f. 檢驗海關封條之程序。

      g. 空櫃加封之程序。

h. 記錄封條號碼及報告封條遭破壞之程序。

i. 封條發出之控管。

j. 疊放貨櫃防止接近之程序。

k. 貨櫃裝船作業之管理。

l. 記錄卡車到離岸上設施之時間、車號及駕駛員姓名之程序。

m. 收貨人之身分確認。

n. 貨運文件之適當性及正確性之查核。

o. 貨物秤重及文件比較之程序。

2. **船上保全措施：**

(1) 船舶進出口之控制、身分識別及船員保全認知。

(2) 船舶在港內之預防措施。

　　a. 所有未使用之貨艙及物料間之所有進入點必須上鎖。

　　b. 船內及船舷夜間適當照明，船上應有充份之保全人員及通信連絡。

　　c. 船舶海側可疑小船之監控。

　　d. 對於無官方文件及封條之包裹、捆包、貨物或郵包不予接受。

　　e. 必要時在貨物未進入大艙前可於甲板攔截檢查。

(3) 容許船員以外人員上船之預防措施：

　　a. 不應准許進入限制區。

　　b. 行李上下時必須檢查。

　　c. 對於裝卸貨及保養維修等人員進入限制區應予以管制。

　　d. 舷梯進入點之控制。

3. **船上一般預防措施：**

(1) 建立限制區。

(2) 未使用之艙室上鎖。

(3) 船上 Master key 之管制使用。

(4) 船體所形成天然屏障之保護措施：

　　a. 船舶進入點限制至最低，若法規要求第二緊急逃生梯，則需與水面保
　　　持距離。

b. 進入點必須有人員值班，必要時需有 2 人或額外保全人員，值班人員除必須告知其任務及緊急時之反應程序，另應給與適當配備及有效通信方法。

c. 梯口當值人員應有船員、岸上官方人員及預期訪客名單。

d. 包裹、司多及物料送船時必須仔細審查。

e. 若無法實施逐項搜查，則必須進行隨機、經常及詳細搜查，對於送岸保養維護之裝備項目，送回時必須仔細撿查。

(5) 高風險地區之訪客，登輪時應予搜查、照相、陪同甚至無正當理由時應拒絕登輪。

(6) 岸上設施人員、小販、執法官員等應要求其提供身分證明，若無法提供者應拒絕其登輪並報告岸上適當權責機關。

(7) 突來之訪客僅許每次一人登輪，並注意舷邊之監視。

(8) 較少使用艙間及無人當值之機器空間應予上鎖，在高風險區更應不定期被查有無可疑跡象。

(9) 警告船員注意可疑包裹及物件，不可接受陌生人之物品。

(10) 經過搜查過之物件應予識別分類。

(11) 船舶附近之小船應加強監視，夜間應予照明。

(12) 在海上若對於意圖引起注意船舶之識別有任何疑慮時，不應給予回應，夜間狹窄水道航行，須特別注意潛行接近之小船。

4. **防範船舶外部警戒之措施：**

(1) 照明：

a. 船舶在港、錨泊或航行中，於夜間及能見度受限制時，在不影響航行安全之情況下，應照明其甲板及外舷。

b. 固定式或活動式照明燈可輔助主要照明系統，聚光燈則可用於照明接近之可疑人員、車輛或小船。

(2) 船上監視：注意維持甲板瞭望，以搜索水面上之可疑氣泡、漂浮物及小船，接近之小船在未完成識別時，應阻止其旁靠。

(3) 水線下搜查：若認為船體水線下可能已遭置放不明裝置時，可透過當地權責機關要求實施水下搜索。

5. **人員管制：**

(1) 不可忽略船員、旅客及公司人員涉入非法活動之可能，在船舶脆弱性評估時應予考慮。

(2) 若有威脅存在，應採取所有合乎法理之預防措施，瞭解僱用人員之背景，尤其是新進人員及經常更換工作人員。

6. **船上人員涉入走私之型式：**

(1) 個人型式：依經驗顯示，官員及管理階層甚少捲入，裝卸作業期間，由於貨物區接近之困難，物品藏匿之方式大多以個人工作區域為主，但亦可能放置於不會讓人連想到之區域。

(2) 組織型式：有時包含船員、港口官員及岸上船務相關工作人員，由於他們對環境及作業流程等相當了解，故走私量較大，而藏匿地點亦較專業。

🔍 案例研討

　　長榮海運旗下所屬貨櫃船「長傑輪(EVER EXCEL)」，屬於亞洲至南美西岸(WSA)航線，可承載 6,300 多個二十呎貨櫃，如圖 5-9 所示，該輪於 2017 年 5 月 25 日半夜卸完貨後，離開中國寧波穿山港前往舟山進行例行性檢修，27 日早上抵達舟山錨地後等待進太平洋海工船廠船塢。

◆ 圖 5-9　長榮海運長傑輪示意圖

資料來源：網路圖片下載

當船舶進乾塢後，發現在船底右舷海底門柵欄處被綁了一個鐵製容器，如圖 5-10 所示，當時由船長及驗船技師、船廠人員檢查時候發現的，立刻通報官方單位，隔天馬上進行拆卸作業。

● 圖 5-10　鐵箱掛在船舶海底門示意圖
資料來源：網路圖片下載

當地公安與海關人員抵達現場時，撬開鐵箱後發現裡面藏有 42.5 公斤的大麻，從該輪最近前十港的紀錄(Port of Call)來看，進塢前在南美洲曾經停靠過智利、秘魯、墨西哥然後再航行到上海寧波，由於南美洲很容易被聯想到毒販，雖然船長表示在靠港裝卸貨期間，24 小時有船員輪值留守，但水底下狀況不是一般船員所能掌握，所以目前仍不知道是在哪個港口被掛上的。

⊞ 5-4　船舶保全訓練及操演

為了保證船舶保全計畫能有效實施，並確保所有船員都能履行他們的保全職責，船舶保全官依據訓練項目，召集船上所有人員實施操演訓練，藉由狀況演練及實境模擬來加深其印象，以作為應變能力之基礎，以下將分述年度內之操演項目內容，需依照每月規定項目實施操演並完成相關紀錄，如表 5-1 所示。操演完畢後，在圓圈內用紅筆將其塗滿，並在下方註明操演日期。

表 5-1　年度保全訓練操演檢查表

輪＿＿＿年度保全訓練操演計畫表
(Crew Security Training and Drill Plan)

項目／實施月份	1月	2月	3月	4月	5月	6月	7月	8月	9月	10月	11月	12月
訓練課程 Training												
基本的保全意識訓練 Basic Security Concept	○	○	○	○	○	○	○	○	○	○	○	○
保全設備維護保養 Security Equirment Maintenance	○	○	○	○	○	○	○	○	○	○	○	○
保全計畫訓練 SSP Training	○	○	○	○	○	○	○	○	○	○	○	○
應急計畫操演項目 Possible contingency plan												
炸彈威脅之行動 Action on Bomb threat	● 2/1											
發現炸彈或可疑包裹 Action on discovery of weapon,bomb or suspect package		● 3/5										
船舶搜查之行動 Action on Searching the ship			● 4/7									
建立搜查計畫 Establishing a search plan				● 5/8								
船舶的撤離 Evacuation of the veaael					● 6/10							
對劫持者或敵對者上船之行 動 Action on hijacking or hostile boarding						● 7/12						
非法移民／偷渡之行動 Action on illegal immigrant / stowaway								● 8/5				
船員未返船之行動 Action on crew failing to return to ship									● 9/8			

表 5-1 年度保全訓練操演檢查表（續）

項目／實施月份	1月	2月	3月	4月	5月	6月	7月	8月	9月	10月	11月	12月
收到"Mayday"求救／難民呼叫信號之行動 Action on receipt of a "Mayday" call/ refugees										● 10/2		
小艇攻擊／可疑船隻接近 Small craft attack / suspect vessel approach											● 11/6	
保全威脅和保全破壞行動 Action on a security threats and breach security												● 12/1

資料來源：自行整理。

一、炸彈威脅之行動(Action on Bomb Threat)

1. 船舶面對爆裂物或縱火武器是不堪一擊的，而船舶確實有可能收到炸彈攻擊之威脅，船上人員應準備處理這些事件，重要的是要盡量掌握訊息並完成以下程序：

   (1) 炸彈威脅：

   　　a. 假如船上收到炸彈威脅，不論威脅是否合法，船舶保全員有責任就其所收到的訊息做出決定，並連繫通知相關當局。

   　　b. 所有船員必須明白這種威脅反應之演練，例如船舶搜查、疏散程序等

   (2) 化學品威脅：同炸彈威脅處理方式。

2. 一個炸彈能以多種方法偽裝，它能利用以下方法安置或交付：

   (1) 伴隨在客運車、貨運車或其他車輛中。

   (2) 在未申報貨物中。

   (3) 由乘客攜帶上船，或前航次所留下的定時器。

   (4) 在手推車之行李內。

   (5) 隱藏在船舶物料內。

   (6) 在港內由岸上工人或承包商人員攜帶上船。

   (7) 由潛水夫安置在船底（長榮貨櫃船案例）。

3. 假使有炸彈威脅，接到電話者必須詢問以下問題，再依照檢查表項目詳細描述，炸彈威脅檢查表如 5-2 所示。

   (1) 何時炸彈引爆？
   (2) 炸彈在何處？
   (3) 炸彈外形像什麼？
   (4) 什麼類型炸彈？
   (5) 什麼會引起爆炸？
   (6) 是否由你安置炸彈？
   (7) 為什麼？
   (8) 你從哪裡來電話？
   (9) 你的訴求是什麼？
   (10) 你的名字？

表 5-2 炸彈威脅檢查表

項目(Details Required)	內容(Details Received)
通話詳情	
通話時間和日期	
接到電話的船上人員之姓名	
通話者和組織之姓名	
炸彈爆炸時間	
炸彈數量	
炸彈位置	
炸彈外形描述	
炸彈的類型	
放置炸彈目的	
通話者的語言	
通話者之口音／姓別／年齡／種族	
對船舶、人員、貨物及環境之威脅程度	
已通知那些單位與人員	
後續之行動作為	

資料來源：高雄海洋科技大學船舶保全人員訓練講義。

二、發現武器、炸或可疑包裹之行動(Action on Discovery of Weapon, Bomb or Suspect Package)

不論任何情況下，所有人不得碰觸或移動可疑爆裂物或包裹，發現可疑物品應立即報告，盡可能簡單描述，並遵從以下指示：

1. **確認**(Confirm)：以警覺和一般常識目視方式確認。

2. **淨空**(Clear)：淨空區域內之全部人員，含可疑物品附近區域所有東西。

3. **警戒**(Cordon)：對可疑物品區域實施警戒，為避免發生危險任何人不得通行與進入。

4. **管制**(Control)：聯繫有關當局，盡可能告知所有資訊，包含可疑包裹的外觀、尺寸、顏色及其他附加任何連結物或電線及在船上的位置，並持續管制現場直到相關技術處理人員抵達。

5. **一般的炸彈搜索常規：**

   (1) 建議由熟悉該區域的人員進行炸彈搜索，進行搜索時，搜索人員應注意在該區域內任何新的或不正常的事物，試著記住前一天看到的任何東西，或在該區域內出現的任何不正常的任何人。

   (2) 任何懷疑的情況應立即報告駕駛臺，報告人應報告所有情況，這樣就不會有錯誤信息被使用，不可使用無線電通信，以免產生干擾。

   (3) 當駕駛臺收到經證實的有關懷疑的項目或包裹的報告，船長將決定採取何行動，包括有關從該區域中撤出。

   (4) 如果有懷疑的項目或包裹被發現時，應採取以下措施：

   a. 不要試圖移動或用任何方法干擾。

   b. 不要澆水。

   c. 使用床墊或沙包使爆炸影響減到最小，但不要蓋住它。

   d. 可考慮關閉有關防火門，使爆炸的影響減到最小。

   e. 評估可能有一個以上的炸彈存在。

   f. 通知公司或專業人士有關炸彈的描述和位置。

   g. 如果在海上，駛向經同意救助的港口。

6. **發現武器及爆裂物之行動：**

   (1) 對可疑之簡易爆炸裝置(IED)，不可採取處理行動。

   (2) 當發現武器或爆裂物時，應將此發現盡速報告船舶保全官。

   (3) 船舶保全官必須針對船舶、船員、乘客以及貨物實施風險評估，慎重考慮主要優先順序。

   (4) 必須盡力確保不引起船員或旅客驚慌或混亂。

7. **在港內初步程序：**

   (1) 船長和部門主管評估威脅。

   (2) 通知港口設施保全員和所有相關船舶代理公司。

   (3) 停止作業。

   (4) 緊閉所有艙櫃跟水密艙間。

   (5) 不要觸接或企圖打開物品，正確地保留在原處。

   (6) 向船長／船身自保全員／當值船副報告其位置／通知公司保全員和爆裂物處理小組。

   (7) 確實知道可疑物品的位置及其詳細描述。

   (8) 傳送描述資料至爆裂物處理小組。

   (9) 準備啟動消防滅火系統，並關閉周圍四周的防火門。

   (10) 撤離和隔離鄰近區域。

   (11) 在包裹附近避免使用無線電，無線電頻率能量能引發起爆劑的突然爆炸（引爆雷管）。

8. **在海上初步程序：**

   (1) 船長和部門主管評估威脅。

   (2) 停止任何進行中的特別操作。

   (3) 通知所有相關的代理人（港口緊急連絡表）。

   (4) 不要觸摸或企圖打開物品，確實地保留在原處。

   (5) 向船長／船舶保全員／當值船副報告其位置／通知公司保全員。

   (6) 確實了解可疑物品的位置及其詳細描述，按描述表填寫和關閉此區域的防火門。

   (7) 緊閉所有艙櫃跟水密艙間。

(8) 傳送相關資料回公司／爆裂物處理小組俾獲處理指導。

(9) 準備啟動消防滅火系統，並關閉圍繞四周的防火門。

(10) 撤離和隔離鄰近區域。

三、船舶搜查之行動(Action on Searching the Ship)

1. 船長與船舶保全員負責制訂搜查程序，並應舉行操演，以確保這些計畫是有效且實際可行的，這些應包括：

   (1) 如何鑑別可疑的簡易爆炸裝置(IED)。

   (2) 如何處理可疑的簡易爆炸裝置(IED)。

   由於現今 IED 並不是採用 TNT 等傳統爆裂物，而是在簡陋的化學實驗室使用工業化學物質製造，例如硝酸、硝酸銨、柴油及糖，因此可規避傳統爆裂物偵測技術，以及訓練有素的爆裂物偵蒐犬。軍方及民間應變人員機構，為此開始研究及迅速部署新型的可攜式鑑定系統，對抗目前 IED 的威脅。

2. 應依據具體的計畫施行搜查，必須謹慎地管制以確保實施一個完整的搜查。

3. 計畫應涵蓋所有選項及確保沒有重複或疏漏之處。

4. 應有標示或記錄已搜查或淨空區域的規則。

5. 甲板和待搜查的區域應予以編號，如此當搜查或淨空時，能使這些要搜查的區域、空間和甲板完成檢查。

6. 搜查者應熟悉要搜查之區域，這將有助於留意到可疑物件。

7. 應建立搜查者向其報告之中央管制點。

8. 應訂出一個快速及全面的搜查計畫。

9. 應當給與極短警告時間，在潛藏的炸彈引爆前，應快速搜查。

10. 離港前的搜查能確保在港期間沒有爆裂物、武器、偷渡客、毒品祕密地隱藏在船上。

四、建立搜查計畫之行動(Establishing a Search Plan)

在建立搜查計畫以確保當需要時，該程序能快速及有效地實施，並定期演練以確保所有船員熟悉操作。

1. 在高風險區域或已收到具體的威脅訊息時應：
   (1) 指定事件管制者船舶保全官(SSO)。
   (2) 指定事件管制點。
   (3) 使用 GA 圖建立要搜查區域之方向及優先順序。
   (4) 已淨空區域之報告及標記方法，船舶所有要搜查區域的通路，要以甲板及房間／艙間號碼編定代碼。
   (5) 每個要搜查區域，應指定搜查小組組長。
   (6) 搜查小組，應配置 1 至 2 人。
   (7) 在搜查中，勿使用 UHF 或 VHF 無線電話。
   (8) 勿假設僅有存在一個「可疑物品」，應繼續搜查直到全船搜查完畢。
   (9) 集中所有未參與的人員，如果可能集中於撤離點附近。
   (10) 搜查應分隔高度作多重的掃視。
   (11) 初次檢視應涵蓋地板至腰部之所有項目。
   (12) 第二次檢視應涵蓋腰部至局部高度。
   (13) 第三次檢視應涵蓋局部高度至天花板。
   (14) 最後檢視應含蓋配燈、通風及橫過天花板之管路。
   (15) 房間作過水平分割後，也應作垂直分割為兩部分。
   (16) 一條假想線劃過房間中央到達遠處牆上的參考點，搜查小組分開檢視房間相反兩邊的每樣東西，然後回到房間中央線的起點。

2. 在搜查中應對任何可疑或不尋常之事務保持警覺，下列現象如有發現須特別留意：
   (1) 貼布膠帶碎片。
   (2) 碎屑或鋸末。
   (3) 電線。
   (4) 鬆脫的板子。
   (5) 撬開的跡象或螺絲起子痕跡。

(6) 釣魚線、掛圖線或絲線。

(7) 半開半掩的房門或櫥櫃。

(8) 艙蓋、蓋子或通風上的鎖、螺絲、或螺釘不在原處。

五、船舶的撤離(Evacuation of the Vessel)

（一） 在港內撤離程序

1. 船長依責權發布撤離命令,並透過廣播系統傳達現場爆破員有關方面的訊息,如時間允許,重要文件將由船長置於安全地方。

2. 撤離:

   (1) 船舶撤離將由現場爆破員(BSO)與港口設施保全員(PFSO)依發生事件時決定撤離的路線。

   (2) 由現場爆破員或港口設施保全員依發生事件之評估決定撤離人員至少遠離威脅區 300 呎以上的安全區。

   (3) 依爆破處理員的判斷來決定任務關鍵人留在現場。

   (4) 現場爆破處理員將授權允許爆破團隊得以再進入已淨空的場所。

（二） 在海上撤離程序

   船員將透過廣播系統通知至緊急站集合,等待撤離命令,如果船的一舷已遭破壞,則通知船員移至另一舷。

（三） 報告程序

   現場爆破處理員將根據威脅情況作撤離的初步報告,而船長向公司保全員報告意外事件後續情形,也由各組依船長搜查表將搜查結果作成書面報告。

六、 對劫持者或敵對者上船之行動
(Action on Hijacking or Hostite Boarding)

   對不友善登輪事件之指導原則如下:

1. 保持冷靜並勸導其他人員冷靜。

2. 勿嘗試反抗武裝登輪者。

3. 依據當值常規繼續操作,確保船舶安全。

4. 如時機許可，傳送遇險訊息及啟動船舶保全警報系統。

5. 提供合理之配合行動。

6. 勿對凌辱與侵犯反駁。

7. 闖入者不一定暸解如何操作船舶之方式。

8. 嘗試和了解闖入者之需要及他們來自何處。

9. 切勿試圖了解劫持者要求及測試其底線。

10. 假設事件將會拖延，則拖延越久他們越可能在無傷害人質情形下結束。

11. 了解劫持者與人質之間建立理性的和諧，將可能減少恐怖份子作出攻擊人質粗暴舉動之機會。

12. 留意事件發展至某階段，恐怖份子將可能會與外部當局對話。

13. 促成與政府當局建立一個安全、直接交涉談判之管道。

14. 避免船員直接捲入談判，如果船員被迫參與，則僅做相關往來對話的傳遞。

15. 任何時刻盡可能建議劫持者和平地投降及勸止凌虐旅客或船員。

16. 同時也須注意，為了挽救生命及收回船舶，政府相關單位最後可能訴諸於軍事行動。

17. 當與外部當局對話前應尋找可能之機會，傳送劫持者的相關資訊，諸如：人數、特徵、性別、如何武裝、如何部署、如何互相連絡、動機、國籍、使用語言、他們的能力水準及警戒等級。

七、非法移民與偷渡(Illegal Immigrant and Stowaway)

1. 一般規定：雖然國際有關偷渡及非法移民的會議未有強制性的規定，但國際海事組織(IMO)已經提出相關建議與指導。

   (1) 如果非法移民或偷渡客，在搜查船舶時已被查出或已在公司的其他船舶發現時，下列的指導應列入考慮。

   (2) 偷渡客長時間待在船舶黑暗角落，將會引起他的恐懼和迷惑，甚至變得暴戾，此時偷渡客也可能因處於船上封閉空間或危險區域而作出冒險動作。

(3) 發現偷渡客待在此區域時，應立即通知船長和船舶保全員（如果在危險區域，將偷渡客立即撤出）。

(4) 試圖與偷渡客建立溝通，如果不能了解他的語言，可能的話，以肢體語言來撫平其情緒。

(5) 當協助人員抵達時，看緊偷渡客並帶他至船上安全的房間。

(6) 確保偷渡客在有專人看管情況下。

(7) 盡可能地了解偷渡客詳細資訊，並通知公司保全員。

2. 所有偷渡客均應依符合國際人權保護原則處理。

3. 港內保全措施：當船舶仍在港內而未遠離該國領海前，在船上所發現的任何人，被歸類於非法侵入之徒，而不被視為偷渡客或非法移民。因此，在港內應考慮採取下列措施：

(1) 嚴格出入口管制措施。

(2) 離港前的船舶搜查行動。

4. 處理程序：

(1) 在港內：

a. 通知船長或船舶保全員。

b. 通知當地港口與國家的有關當局。

c. 通知公司保全員。

d. 檢查及搜查此區屬於個人或其他偷渡客的物品。

e. 親自移交侵入者給有關當局。

(2) 在海上：

a. 通知船長及船舶保全員。

b. 如果可能查明偷渡者或非法移民者的國籍。

c. 通知下一個港及上一個港的有關當局。

d. 偷渡客經由公司保全員交涉安排，移交相關港口。

5. 報告：填寫偷渡客報告。

八、 船員未返船的行動
(Action on Crewman Failing to Return to Ship)

1. **一般規定**：當船舶靠泊碼頭或錨泊期間，經船長的核准，船員可以離船上岸，如經許可離船之船員，需依規定將離船日期、時間及欲前往之處所登記於「船員上下船登記簿」中。

2. **處理程序**：梯口當值人員要管制人員上下船登記簿之填寫，當值船副要負責督導，如果發現有船員未返船時，應立即通知船長或船上保全員然後採取下列措施：

   (1) 經由緊急連絡名冊聯繫該船員。

   (2) 詢問在船其他船員。

   (3) 詢問該員家屬或親戚。

   (4) 查詢當地醫院。

   (5) 查詢當地警察局。

   (6) 通知船長及船舶保全員。

3. **如果在一小時內仍未有回應**，船長、船舶保全員及當值船副將採取失聯方式處理。

4. **失聯處理程序**：如果船員在應返船時間一個小時內未返船，當值船副仍無法聯絡該 船員時，應採取以下行動：

   (1) 通知公司保全員。

   (2) 初步搜查該船員房間，查看有無異狀。

   (3) 如果船長覺得有需要，立即實施全船搜查。

   (4) 將所有處理經過回報公司保全員以獲得更進一步的協助。

九、 收到 MAYDAY 求救或難民呼叫信號所採取之行動
(Action on Receipt of a MAYDAY Call Refugees)

（一） 一般規定

有些地方的海盜，會利用緊急公用頻道廣播 "DISTRESS" 信號或發送 "MAYDAY" 的緊急求救信文，企圖引導目標船至海盜搶劫位置進行攻擊，在其他案例中，求救信號亦能誤導船舶進入非法難民區域，並企圖使用大型船舶搭載非法難民進入西方國家。

（二）回應措施

當在緊急頻道中聽到求救信號或看見求救火焰信號時，將執行下列的回應：

1. 執行海盜潛在威脅的程序。

2. 此階段不須立即回應。

3. 從呼叫者獲得所有需要資訊：

 (1) 船舶位置及呼號。

 (2) 所遭遇問題的詳細情形。

 (3) 對小艇的描述。

 (4) 在小艇的人數

 (5) 任何更進一步資訊。

4. 通知海岸防衛機構和公司保全員，等待指示。

5. 如果從相關機構未得回應，船長將應依當下處境評估威脅，並依以下程序進行：

 (1) 開往可觀察遇難船的區域。

 (2) 評估當下處境。

 (3) 確保現場所有保全措施。

 (4) 然後船長將執行發現後與離開前之程序。

 (5) 向公司保全員傳送所採行動的報告。

 (6) 如果船上有旅客，他們必須先通過搜查然後安置於船上保全區域。

十、小艇攻擊／可疑船隻接近之行動
(Action on a Small Craft Attack / Suspect Vessel Approach)

（一）在港區時

在港區泊靠或在外港錨泊時，可能會發生小艇武裝人員攻擊船隻事件，船舶本身既未武裝也不可能完成防衛此類攻擊，對企圖登輪和以小艇干擾施行下列措施：

1. 海盜較不喜歡以面對面方式相遇，如果發現到船上已有警覺並可能遇到抵抗時，將會有一半機率放棄登輪的念頭。

2. 在港內或錨泊中與港口設施保全員協商，將船舶安排於巡邏船艇可立即抵達的保全區內，並與巡邏船艇建立良好的無線電通訊。

3. 提升警戒等級加強瞭望。

（二）在海上時

假如在海上其他船舶以可疑或威脅姿態接近時：

1. 假如安全可行的話，增加速度或改變航向如 "Z" 字形航行。

2. 不要給其他船舶靠上船邊的機會。

3. 勿使用無線電、汽笛或廣播器作回應。

4. 保持甲板人上員淨空或隱匿。

5. 如果可能，留意該船詳細情形並拍照。

6. 在夜晚以探照燈直射接近船舶，同時關閉甲板上照明。

7. 向公司及所在地區之政府當局報告事件詳情。

8. 滅火皮龍管的水柱是制止闖入者攀爬上船的最好選擇，維須注意消防水的壓力以 6 公斤左右為最佳。

9. 假如驅離登輪者未能成功，必須使住艙區形成堅固之碉堡，確保所有船員與乘客在住艙內，鎖緊所有對外通道的門，將歹徒拒之其外。

10. 假如所採取之行動不足以抵擋闖入者，在闖入者上船前，發出遇險求救信號及啟動船舶保全警示系統。

十一、保全威脅和保全破壞之行動
(Action on Security Threats and a Breach of Security)

保全破壞即可能是威脅船舶保全之任何行動，破壞之嚴重性由所採取之行動決定，應藉由事件之報告來防止再度發生。這些船舶保全計畫之建議修正事項，應遞交公司保全員作為修正船舶保全計畫之依據，若相關威脅或破壞行為未採取行動，所有保全事件也應提出報告，事件報告項目如表 5-3 所示。

表 5-3　事件報告表

項目(Details Required)	內容(Details Recorded)
日期	
船名	
國籍	
船長姓名	
船位（經緯度）	
港口設施保全員姓名	
報告官員姓名	
船舶操作情形（裝貨／卸貨、加油、等待領港等）	
事件之日期、時間、位置	
事件描述	
參與之船員人數	
採取行動	
已通知那些單位與人員	
建議以何種措施阻止類似事件再度發生	

資料來源：高雄海洋科技大學船舶保全人員訓練講義。

（一）保全威脅

　　船舶所在地方的港口設施存在著保全威脅時，船舶將由主管機關或締約國政府通知保全等級 2 或 3，如果船舶在保全等級 1 營運時，船長或船舶保全員認為存在著保全威脅時，將採取適當行動減緩這些威脅，船長或船舶保全員也應向港口設施之主管機關或締約國政府報告有關威脅。

（二）保全破壞

　　發生保全破壞的場所，船長應考慮：

1. 啟動船舶警報系統。

2. 發布所有船員至緊急站集合。

3. 向港口設施的締約國報告。

4. 準備棄船。

5. 準備離開港口。

6. 遵照締約國發布的說明。

7. 遵照應急措施之指導，是為了以下情形：

    (1) 劫持。

    (2) 炸彈威脅。

    (3) 船上發現可疑物品或爆裂物。

    (4) 炸彈威脅／損壞和破壞港口設施。

    (5) 海盜。

    (6) 偷渡。

MEMO

參考文獻 | Reference

一、書籍部分

1. 蔡朝祿,「船舶保全」,教育部,臺北,(2017)。

2. 蔣克雄,「船舶保全意識與職責」,翠柏林企業股份有限公司,高雄,(2020)。

3. 蔡朝祿,「船舶保全」,翠柏林企業股份有限公司,高雄,(2013)。

4. 國立高雄海洋科技大學,「船舶保全人員講義」,船訓中心教材彙編,(2009)。

5. 台北海洋科技大學,「保全職責訓練教材」,船訓中心彙編,(2009)。

二、網站資料

1. UK P&I 網站 https://www.ukpandi.com/-/media/files/imports/13108/bulletins/6266---ship-security-web.pdf

2. https://park.org/Taiwan/Government/Events/September_Event/ant21x.htm

國家圖書館出版品預行編目資料

船舶保全職責／謝忠良、方信雄、陳安國編著. －
初版.－新北市：新文京開發出版股份有限公
司，2021.09
　　面；　　公分
ISBN　978-986-430-778-4（平裝）

1.航海安全設備　2.運輸安全

444.68　　　　　　　　　　　　　110015231

船舶保全職責　　　　　　　　　　　　　　　（書號：HT51）

編 著 者	謝忠良　　方信雄　　陳安國
出 版 者	新文京開發出版股份有限公司
地　　址	新北市中和區中山路二段 362 號 9 樓
電　　話	(02) 2244-8188（代表號）
Ｆ Ａ Ｘ	(02) 2244-8189
郵　　撥	1958730-2
初　　版	2021 年 9 月 22 日

新文京開發出版股份有限公司

新世紀・新視野・新文京 — 精選教科書・考試用書・專業參考書